2018—2019 年中国工业和信息化发展系列蓝皮书

2018—2019 年中国网络可信身份服务发展蓝皮书

中国电子信息产业发展研究院　编著

黄子河　主　编

刘　权　副主编

电子工业出版社·

Publishing House of Electronics Industry

北京·BEIJING

内 容 简 介

在国家政策的支持下，2018 年以来我国网络可信身份服务业发展迅猛，规模持续增大、结构更趋合理、企业成长迅速、技术逐渐成熟。本书系统分析了国内外相关做法和经验，具体阐述了我国网络可信身份服务业发展现状、特点和问题，明晰了网络可信身份战略的实施路径。本书分为综合篇、国际篇、技术和标准篇、产业和应用篇、行业实践篇、展望篇，共二十三章。综合篇分析了网络可信身份服务的理论和技术体系、国外网络可信身份服务业发展现状、我国网络可信身份服务业发展总体情况。国际篇对美国、欧盟等国家、地区的主要做法进行了总结。技术和标准篇描述了网络可信身份服务业技术发展情况和标准规范发展情况。产业和应用篇分析了我国网络可信身份服务产业发展现状及应用进展。行业实践篇展现了当前网络可信身份服务的最佳实践。展望篇提出 2019 年网络可信身份服务产业的发展趋势和对策建议。

本书涵盖了网络可信身份服务业政策环境、标准体系、产业实力、行业实践、技术能力等内容，能够为业内人士研究网络可信身份服务业提供借鉴和参考。

图书在版编目（CIP）数据

2018—2019 年中国网络可信身份服务发展蓝皮书 / 中国电子信息产业发展研究院编著 . —北京：电子工业出版社，2019.12

（2018—2019 年中国工业和信息化发展系列蓝皮书）

ISBN 978-7-121-37966-6

Ⅰ . ① 2… Ⅱ . ① 中… Ⅲ . ① 计算机网络—身份认证—研究报告—中国— 2018-2019

Ⅳ . ① TP309

中国版本图书馆 CIP 数据核字（2019）第 254180 号

责任编辑：管晓伟
文字编辑：孙丽明
印　　刷：天津画中画印刷有限公司
装　　订：天津画中画印刷有限公司
出版发行：电子工业出版社
　　　　　北京市海淀区万寿路 173 信箱　邮编 100036
开　　本：720×1 000　1/16　印张：11.75　字数：226 千字　彩插：1
版　　次：2019 年 12 月第 1 版
印　　次：2019 年 12 月第 1 次印刷
定　　价：98.00 元

凡所购买电子工业出版社图书有缺损问题，请向购买书店调换。若书店售缺，请与本社发行部联系，联系及邮购电话：(010) 88254888，88258888。

质量投诉请发邮件至 zlts@phei.com.cn，盗版侵权举报请发邮件至 dbqq@phei.com.cn。

本书咨询联系方式：(010) 88254461，sunlm@phei.com.cn。

前　言

实施网络可信身份战略，是《中华人民共和国网络安全法》（以下简称《网络安全法》）为保障国家网络安全提出的重要战略部署，对于构建我国网络空间秩序、推动我国网络快速发展具有非常重要的意义。在国家政策的支持下，2018 年以来我国网络可信身份服务业发展迅猛，规模持续增大、结构更趋合理、企业成长迅速、技术逐渐成熟。展望未来，网络可信身份正在向着多维度认证、身份互联互通和"全流程"服务模式的方向快速发展。作为新兴产业，虽然我国网络可信身份服务业的发展取得了显著的成绩，但仍然存在诸如重复性建设、监管不足、技术滞后等方面的问题。为此，我们必须从顶层设计着手，加快法律、法规和标准体系建设，从政策扶持、技术创新、人才培养、宣传培训等方面发力，促进我国网络可信身份服务业持续健康发展。

为落实《网络安全法》关于实施网络可信身份战略的要求，分析国内外相关做法和经验，研究我国网络可信身份服务业发展现状、特点和问题，追踪行业最佳实践，明晰网络可信身份战略的实施路径，赛迪智库网络安全研究所开展了认真的研究，最终形成本书。本书分为综合篇、国际篇、技术和标准篇、产业和应用篇、行业实践篇、展望篇，共二十三章。

综合篇分析了网络可信身份服务的理论和技术体系、国外网络可信身份服务业发展现状、我国网络可信身份服务业发展总体情况。国际篇对美国、欧盟等国家、地区的主要做法进行了总结。技术和标准篇描述了网络可信身份服务业技术发展情况和标准规范发展情况。产业和应用篇分析了我国网络可信身份服务产业发展现状及应用进展。行业实践篇展现了当前网络可信身份服务的最佳实践。展望篇提出 2019 年网络可信身份服务产业的发展趋势和对策建议。本书涵盖了网络可信身份服务业政策环境、标准体系、产业实力、行业实践、技术能力等内容，能够为业内人士研究网络可信身份服务业提供借鉴和参考。

目 录

| 综 合 篇 |

| 国 际 篇 |

｜技术和标准篇｜

｜产业和应用篇｜

│行业实践篇│

｜展　望　篇｜

综合篇

第一章

网络可信身份服务概述

第一节　网络可信空间

一、网络空间及其重要作用

近年来，随着移动互联网、物联网的飞速发展，越来越多的用户通过移动终端实现网络空间的接入，推动网络空间不断与人们的社交空间融合。网络不仅成为人与人沟通的渠道，也成为物体与物体、人与物体互联互通的媒介，网络空间成为人类不可或缺的"第二生存空间"。

美国《网络空间可信身份国家战略》将网络空间定义为"由信息技术组件构成的相互依存的网络，这些组件为诸多通信提供基础支撑"。德国、加拿大的网络安全战略分别将网络空间定义为"在全球范围内，在数据层面上链接所有 IT 系统的虚拟空间"，"由互联网络和其中的信息共同搭建起来的网络空间，是全球 72 亿人相互联系、交流观点、交换服务、建立友谊的平台"。综合这些定义，可对网络空间做出如下定义："网络空间（Cyberspace）是指在全球范围内，基于信息技术组件构成的相互依存的网络，是在数据层面上形成的虚拟空间。"截至 2018 年 12 月，超过 43 亿的全球用户通过互联网进行工作、学习、娱乐、社交等活动。网络空间已经成为领土、领海、领空和太空之外的第五空间，在政治、经济、军事上都具有重要影响。

（一）网络空间成为影响政治的重要因素

近年来，在"8·6英国伦敦骚乱""占领华尔街"等重大国际政治事件中，网络空间的重要影响已经充分显露。在政治制度方面，网络在扩大政治信息的公众知情权、促进公众参与政治、抑制独裁专制的同时，也成为一些政客和特殊利益集团影响政治的工具。例如，2018年发生的"剑桥分析"事件中，出现了利用社交网络数据分析影响美国大选及英国脱欧走向的情况。2018年1月，美国主流情报部门认定俄罗斯使用社交媒体等手段干预美国大选。在政务工作方面，网络空间的发展促进政府提高工作的透明度，使政府和公众之间的沟通更直接、更便利，同时有助于改善政府形象。例如，开放政府关系（Open Government Partnership）的78个成员国会定期发布促进政府开放的工作计划，包括推进政府数据开放、强化隐私保护等任务，并向公众报告任务实施进度，接受国民的监督，有力地提高了政务工作的透明度。

（二）网络空间打破了经济发展的方式

网络空间不仅为全球范围内商品、服务、资金流通提供了便利，而且为企业创新、技术进步注入了活力，其本身已成为新型产业的孵化器。当前，消费者可以通过网络和生产者直接交易，过去由于地域的隔阂而形成的"地区垄断"正逐渐消失，一个竞争激烈的全球性市场正在形成。在企业规模不断扩大的过程中，借助网络空间，采购、生产、销售、人员管理等一系列的经营环节得以高效完成，降低了相关成本，国际大型跨国公司的全球扩展进程因此大大加速，跨区域、行业的企业合并、兼并、联盟等事件不断涌现。

（三）网络空间成为军事竞争的新领域

自互联网诞生以来，世界各国普遍受益于网络给军事领域带来的便利。高效的信息收集、快速的命令下达、准确的指令传输，这一切都有效地确保了军事机构和战斗员指令畅通无阻地运转，极大地提升了各国的军事水平。网络空间的防御和攻击将成为未来战争的重要形式。例如，2010年5月21日，美国网络战司令部正式启动，用以整合网络作战力量，打击"敌对国家和黑客的网络攻击"。英国、日本、韩国、伊朗、印度等国也已建立或正在建立自己的网络部队。网络空间已成为各国竞相争夺的军事战略制高点。

二、网络可信空间及其特性

（一）网络可信空间

网络可信空间是指网络主体彼此信任、网络内容访问可控、网络行为可追溯、信息的安全性和真实性值得信赖的网络空间。其中，电子认证服务是构建网络可信空间的关键，也是主体注册、信息存储、信息传输、信息提取、网络举证、网络仲裁等其他环节的基础。

（二）网络可信空间的特性

网络可信空间主要包括以下六个特性：

● 主体身份的真实性，即网络行为主体的身份真实可靠，如果是匿名或假名主体，必须确保通过一定的方式可以核实其真实身份。

● 主体属性的可靠性，即网络行为主体的年龄、性别、职务等属性信息是可靠的、值得信赖的。

● 信息内容的访问可控制性，即网络行为主体对网络信息内容的访问是可控的，往往通过网络主体行为的权限审核实现信息内容的访问可控制性。

● 信息内容的保密性，即网络信息不被泄露给非授权的用户、实体等。

● 信息内容的完整性，即网络信息在存储或传输过程中不被删除、修改、伪造、打乱、重放、插入等行为偶然或蓄意地破坏和篡改。

● 主体网络行为的可追溯性，即在适当的时间，采用合适的方式标识网络行为的主体、发生时间及状态，为网络仲裁提供依据。

三、构建网络可信空间的意义

（一）国家信息安全保障体系的重要环节

党的十八大以来，以习近平同志为核心的党中央高度重视国家网络安全工作，习近平总书记强调，"没有网络安全就没有国家安全，就没有经济社会稳定运行，广大人民群众利益也难以得到保障。"我国信息安全保障体系还不完善，不断加剧的网络信任风险和防护能力不足的矛盾日益凸显。形势和任务要求我们，必须进一步筑牢国家网络信任屏障，为经济社会发展和人民群众福祉提供安全保障。构建网络可信空间的主要作用是解决网络空间中信息、行为主体身份的真实性和可信性问题，维护网络空间的有序运转。网络可信空间为网络信息、身份提供一个信任的基准，即在用户实体和虚拟网络空间中的用户角色之间建立一种映射关系，以便能将现实物理世界中的信任关系移植到虚拟的网络空间中去，是信息安全保障体系的重要环节。

（二）电子政务和电子商务发展的安全保障

电子政务方面，构建网络可信空间保障了政务信息资源在政府各部门间流通的安全，有助于政府更好地履行经济调节、市场监管、社会管理和公共服务等职能。电子商务方面，网络诚信缺失已成为严重阻碍电子商务发展的"瓶颈"。建设网络可信空间将助力构建"诚信社会"，能够加强电子商务活动的可靠性，保障网络交易的安全，增强网民对电子商务的信心，进而促进电子商务的发展。

（三）实施国家信息化战略的重要举措

建设网络可信空间是信息化进程健康、有序、可持续发展的重要举措，切实关系到国家的政治安全、经济安全、社会安全、文化安全和国防安全。网络作为信息基础设施，是信息传播和知识扩散的主要载体。许多国家已将网络空间视为重要的基础设施和战略资源，将建立可靠且可信的网络空间作为国家战略，并以此推动国家信息化的发展。我国已充分认识到网络的重要性和网络发展的紧迫性，《2006—2020 年国家信息化发展战略》明确指出："提升网络普及水平、信息资源开发利用水平和信息安全保障水平。抓住网络技术转型的机遇，基本建成国际领先、多网融合、安全可靠的综合信息基础设施。"

（四）国民经济和人民生计的重要保障

网络空间已成为支持经济运行、人民生产生活的重要基础设施。建立网络可信空间，可以为公众提供适用的市场、科技、教育、卫生保健等方面的可靠信息；可以确保传统工业网络化经营管理的安全，保护企业商业信息的安全；可以保障电子金融、现代物流、咨询中介等新型服务业的安全，保护交易金额、用户密码、知识产权等重要信息的安全；可以增强人民群众对网络空间的信心，加速网络应用的发展。

四、构建网络可信空间的可行性分析

（一）电子认证和可信计算等技术的日趋成熟为构建网络可信空间提供了技术基础

一是我国电子认证技术日趋成熟。例如，基于国产 SM2 算法的数字证书认证系统已研发成功，国产数字证书认证系统技术水平大大提高，数字证书介质不断丰富和完善，电子签名与认证的应用技术快速发展。二是可信计算已具有一定的技术基础。在可信安全芯片方面，国民技术股份有限公司自主研发了可信计算安全解决方案 nationz-TC；可信密码模块（TCM）安全芯片也研发成功，如 SSX44 可信密码模块安全芯片。

（二）电子认证服务业的快速发展为构建网络可信空间奠定了行业基础

电子认证服务是构建网络可信空间的核心和基础环节，电子认证服务业是网络可信空间的核心产业。经过多年发展，我国电子认证服务业已取得较好成绩，市场规模不断扩大，应用范围日益广泛，认证技术稳步发展，政策法规和标准规范等发展环境逐步完善。我国电子认证服务机构发布的证书广泛应用于税务、教育、社保、工商、国土、金融、医疗卫生、电子办公等各个领域。

（三）网络主体属性信息库的初步建立为构建网络可信空间提供了数据基础

在日常社会管理和公共服务过程中，不同政府部门都形成了大量权威的身份属性信息，例如，公安部门在人口管理过程中形成的人口信息，工商部门在工商企业登记注册过程中形成的企业信息，民政部门在法人社团管理过程中形成的社团法人信息。这些都是认证自然人、工商企业和社团法人身份真实性的权威身份信息库和属性信息库资料，为构建网络可信空间提供了数据基础。

五、发展网络可信身份服务是构建网络可信空间的本质要求

从网络可信空间的六个特性来看，主体身份的真实性要求网络身份必须有办法进行核实且该身份能够被信任；主体属性的可靠性要求具体的身份信息是无误的和可信的；信息内容访问可控制性的实现必然要求网络身份可认证且只

有可信的身份能够通过认证；信息内容的保密性要求网络信息不被泄露给非授权用户和实体，即要求用户和实体必须具有网络可信身份且被允许访问相关内容；信息内容的完整性即网络信息不被偶然或蓄意破坏和篡改，识别这种"破坏和篡改"以实现主体网络行为的可追溯性为基础；可追溯性需要识别网络行为主体的网络可信身份。能够看出，网络空间的六个特性均要求网络身份是可信且能够被认证的，因此要构建网络可信空间必须推进网络可信身份服务的建设。

第二节　网络可信身份相关概念

一、网络身份

身份是指社会交往中识别个体成员差异的标识或称谓，它是维护社会秩序的基石。随着互联网的快速发展，人与人之间的沟通交流、交易的达成、公共事务的办理等更多地在网络空间中实现，因此出现了网络身份的概念。网络空间中参与各类网络活动的自然人和法人，以及网络中的设备，都具有实体身份，也称网络身份，这是现实实体身份在网络空间中的映射。例如，在线通信的双方、发表社交网络信息的个体、电子商务的买家和卖家等均具有网络身份，并以该身份对自身进行标识，开展相关网络活动。一个自然人或法人在参与不同的网络活动中可以具备不同的网络身份。

二、网络可信身份

并不是所有的网络身份都是可信的，网络身份的可信一般指两种情况：一是网络身份由现实社会的法定身份映射而来，可被认证及追溯；二是网络身份由其网络行为或商业信誉担保，可被认证符合特定场景对身份信任度的要求。由网络主体身份衍生出的身份凭证，被称为网络可信身份标识。对网络主体的身份标识进行检验，来确认网络主体的身份可信的过程，称为网络可信身份认证。认证的手段有很多，从动静态口令到智能卡，再到生物特征识别、用户行为分析等，网络应用场景对安全性要求越高，采用的认证手段安全强度也越高。

网络可信身份具有如下主要特征：一是真实身份的可追溯性，自然人身份用身份证标识、企业和机构身份用组织机构代码（工商代码）标识，都是可以追溯的。二是身份标识的非唯一性，一个主体可以使用多种属性标识，因此网络身份的标识是非唯一的。三是认证因子的多样性，包括用户口令、软硬令牌动态口令、数字证书、生物特征等。

三、网络可信身份服务

网络可信身份服务是指网络可信身份的标识创建、认证和管理等。网络可信身份服务产业是指由网络可信身份服务商及其上游基础技术和产品提供商、下游依赖方（应用机构）、第三方中介服务机构等组成的产业。网络可信身份服务业包括了网络可信身份服务相关法律法规、产业、应用、标准等。

第三节　网络可信身份主流认证方式

一是"账号＋口令"认证，是一种静态密码机制，用户的账号和口令可以由用户自己设定。

二是短信验证码认证，以手机短信形式请求 4 ～ 6 位随机数的动态验证码，身份认证系统以短信形式发送动态验证码到用户的手机上，用户在登录或者交易认证时输入此动态验证码，从而确保系统身份认证的安全性。

三是动态口令认证，是用户手持用来生成动态口令的终端，每隔一段时间（如 60 秒）变换一次动态口令。用户进行身份认证的时候，除输入账号和静态密码外，还必须输入动态口令，只有二者全部通过系统校验，才可以正常登录。

四是基于 PKI 技术的数字证书认证。数字证书是包含电子签名人的公钥数据和身份信息的数据电文或其他电子文件，通过公钥与私钥的一一对应关系，从而建立起电子签名人与私钥之间的联系，可以使互不相识的网络主体证明各自签名的真实性，是双方之间建立信任的基础。

五是 eID（电子身份标识）认证，以密码技术为基础、以智能安全芯片为载体，通过"公安部公民网络身份识别系统"签发给公民的网络可信电子身份标识来实现在线远程识别身份和网络身份管理。

六是二代身份证网上副本认证，依托于公安部的全国人口信息库和居民办理二代身份证时留下来的信息，将身份证登记项目（姓名、身份证号码、有效期限等）作为要素进行数字映射，并赋予唯一编号，生成一个终身唯一编号的身份证网上副本，主要由公安部第一研究所推出。

七是人体生物特征识别认证，生物特征是指人体固有的生理特征或行为特征，生理特征有指纹、人脸、虹膜、指静脉等，行为特征有声纹、步态、签名、按键力度等。基于生物特征的身份认证是一种可信度高而又难以伪造的认证方式，是基于"你具有什么特征"的身份认证手段，在应用场景上，人体生物特征识别往往和 FIDO 技术结合使用。但仍然需要注意的是，人工智能技术的发展给基于生物特征识别的认证技术带来了严峻挑战，如深度伪造（Deep Fake）技术已经能够实现"换脸"，或拟合出类似真人的声纹，已出现对声纹进行伪造达到身份诈骗的事件。

八是基于大数据用户行为分析的身份认证，利用大数据的风险识别可以对用户行为进行有效分析，从而对用户进行精准的分类分层，可实时判断每一个用户的认证动机，对不同风险等级的用户采取不同的认证方式，尤其是识别出利用系统漏洞恶意入侵的黑客等，对于维护网络和信息安全尤为重要，目前主要被大型互联网企业采用。

九是第三方互联网账号授权登录认证，该认证方式使用户在登录当前网站或 APP 时无须注册，使用第三方互联网账号（如微信、QQ、支付宝、新浪微博等）进行授权登录，免去账号注册过程并完成身份认证。OAuth（Open Authorization）、OpenID、SAML（Security Assertion Makeup Language）等规范及协议已成为该认证方式的实用标准。

十是基于区块链技术的身份认证，区块链技术也被称为分布式账本技术，是一种互联网数据库技术，其特点是去中心化、公开透明，让每个人均可参与数据库记录，基于区块链技术构建的在线身份认证系统，具有身份信息难以篡改、系统信息分布式存放等特征，激励机制的存在促使用户积极维护整个区块链。

第四节　网络可信身份服务产业链

网络可信身份服务产业链主要包括网络可信身份第三方中介服务商、网络可信身份服务基础技术产品提供商、网络可信身份服务商、依赖方和最终用户等，如图 1-1 所示。

网络可信身份第三方中介服务商为产业链各参与方提供产品测试、应用培训、咨询等服务。

网络可信身份服务基础技术产品提供商包括基础硬件提供商、基础软件提供商、底层身份认证技术提供商。

网络可信身份服务商负责建立、维护与某网络主体相关的网络身份，并保证它的安全，具有主体身份认证和注册的功能，包括权威身份服务商、关联身份服务商、一般身份服务商。权威身份服务商包括公安部、民政部门、工商部门等，这些部门依法授予现实实体法定身份，法定身份映射形成的网络可信身份也由这些部门提供。关联身份服务商能够起到丰富网络可信身份属性的作用，如银行能够丰富网络可信身份对应的财务信息等。一般身份服务商，提供相对而言对身份信任度的要求较低的服务，如第三方互联网账号登录授权。

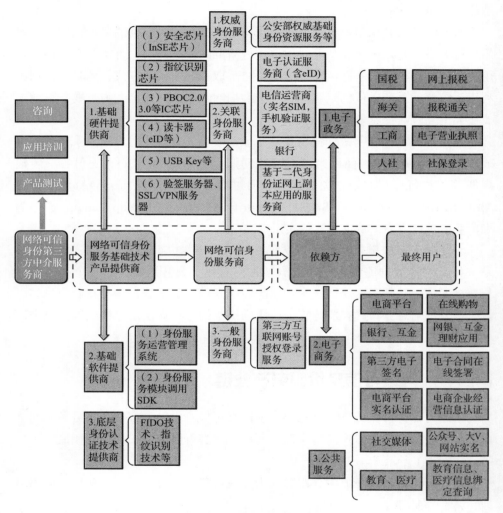

图 1-1　网络可信身份服务产业链

依赖方负责接收和认证网络可信身份服务商提供的最终用户的网络可信身份证明，并根据需要向网络可信身份服务商发送身份属性请求，然后根据网络可信身份证明和属性声明，为最终用户提供临时性的网络权限证明，允许最终用户执行经授权的网络行为，如电子政务、电子商务、公共服务等网络行为。

第二章

国外网络可信身份服务业发展总体情况

第一节　出台战略和政策推进网络可信身份服务业发展

美国、欧盟、日本、韩国等国家和地区积极出台网络可信相关战略和政策，推进网络可信身份服务业发展。

美国发布了《网络空间可信身份国家战略》（以下简称"NSTIC"），计划用10年左右的时间，构建一个网络空间可信身份生态系统，使个人和机构能够在提高隐私性、选择性和创新性的情况下，运用安全、有效、易用、可互操作的身份解决方案进行在线服务。美国很早就开始在联邦机构推行身份管理，通过向联邦机构雇员推行强身份认证方式，提高政府管理的安全性。联邦机构身份管理工作为 NSTIC 的实施奠定了实践基础。美国出台了第 12 号国土安全总统令（HSPD-12），提出在联邦政府部门推广集成了芯片、数字证书和生物识别等技术的强化安全性的个人身份认证（PIV）卡，该法令有 79 个政府部门参与执行，有效降低了身份仿冒、盗用的可能性。"维基解密"事件发生后，美国政府高度重视涉密系统身份认证及文档访问控制，进一步提出了联邦标识、凭据与接入管理政策，出台了一系列凭据与接入管理路线图、实施指南等，目的是在涉密信息系统中建立统一的身份、证书和访问管理系统，解决联邦涉密网络间的协同工作和身份认证问题。联邦政府身份管理工作取得了积极效果，以国防部为例，国防部向其雇员、服役军人，以及相关赞助承包商发放基于硬件设备的 PKI 证书，普通接入卡的发放量已超过 6000 万张，网络攻击数量降低了 46% 以上。

欧盟为加快实现"单一欧洲信息空间"的目标，2006 年发布了《2010 泛欧洲 eID 管理框架路线图》报告，指出可靠和准确地识别个人身份已经成为政府服务和商务服务的基础和中心环节，欧盟各成员国必须在现有 eID 管理系统的基础上，建立一个泛欧级别的 eID 管理框架。报告提出了泛欧 eID 管理框架的时间安排、组成模块及发展过程中的各里程碑，并明确泛欧 eID 管理应以公民个人为中心、全面为公民提供服务并且保护公民隐私。2009 年，欧盟委员会下设的欧洲网络与信息安全局发布了《泛欧网络身份管理发展现状》报告，对《2010 泛欧洲 eID 管理框架路线图》所确定的目标、原则、里程碑及执行情况进行了分析和讨论，并提出应建立身份信息资源互换机制，以提高跨境身份资源的可用性，并通过互操作协议提高跨境身份证明的可用性。2011 年，欧盟委员会提出了"数字化议程"计划，制定了欧盟到 2020 年的发展战略，其中明确指出 eID 技术和认证服务是今后政府和私营机构在互联网上开展业务所必需的。为了确保欧盟网络可信身份安全发展，欧盟 2018 年 4 月出台《关于加强联盟公民身份证安全的提议》，该提议解决了身份证和居留证件识别困难和安全性不足的问题，特别是针对非居民的身份证件和居留证件，同时建议通过使用生物识别技术确保个人数据准确并得到适当保护，从而可以更可靠地识别个人。为推进欧盟各国 eID 卡的使用，自 2018 年 9 月 29 日起，欧盟范围内允许跨境识别公民 eID。例如，允许公民必要时可跨境分享身份数据，使用 eID 登录欧盟国家的在线公共服务网站，并访问位于欧盟国家的自身医疗数据。

韩国在 2007 年 7 月正式实施网络实名制，要求主要网站必须引入身份认证机制，用户必须用真实姓名和身份证号码才能注册。2008 年，韩国又将实名制扩展到所有日访问量超过 10 万的网站。到 2012 年，韩国网络实名制废止前，韩国的网络实名用户超过 4000 万个，超过总人口的 80%，网络实名制基本涵盖所有网络应用，包括社交网站、即时通信工具、论坛社区、购物网站、信息共享平台及网络新闻媒体。但是，韩国网络实名制实施以来，发生了多起个人信息泄露事件，造成了恶劣的影响。2012 年 8 月，韩国宪法裁判所 8 名法官做出一致判决，裁定网络实名制违宪，网络实名制宣告失败。但这并不意味着韩国完全放弃所有领域的实名制，韩国在加入开放政府关系（open government partnership）后，发布了《韩国行动计划 2018—2020》，宣布建设"实名政策系统"（Real-Name Policy System），管理政府机构中政策制定者和执行者的实名信息，并对其政策制定和执行过程中采取的行动进行备案，以此增强政府人员工作的透明度，同时有利于问责制度的建立。

日本的国民身份证制度为"My Number"系统，于2015年推出，2016年1月开始实施。这是一个随机生成的12位身份证号码，以数字身份证智能卡（称为"个人号码卡"）的形式发给所有持有居住记录的公民。它包含存储在芯片中用于数字认证的证书，姓名、地址、出生日期、性别、身份证号码和照片都显示在卡片上。该卡主要用于社会保障、纳税申报和救灾援助等服务。

巴基斯坦每位年满18岁的公民都有资格获得国家数据库和注册局（NADRA）颁发的巴基斯坦国家身份证（NIC）。为了减少虚假身份的发生率，2016年，NADRA发起了一项活动，允许NIC持有者通过手机发送短信，重新认证其注册家庭成员的身份，这使公民有机会向国家举报任何在同一家谱下非法登记的人。通过该活动，巴基斯坦已经能够利用其"以公民为中心的数据"开展工作，如利用相关数据计算社会补助和养老金等。

第二节　组织开展网络可信身份服务技术和应用试点

一是美国加大资金投入支持应用试点。NSTIC发布后，美国国家标准和技术研究院（NIST）与商务部合作，启动了联邦机会基金（FFO），该基金旨在鼓励地方政府、私营机构、大学和研究机构等参与研究和实施与身份生态系统相关的启动项目和解决方案，带动整个身份生态系统的发展。从2012年开始，FFO每年支持一批符合联邦机会基金要求的引导项目，在不同层面和领域开展身份生态系统建设的启动与示范工作。例如，2012年FFO投资1000万美元用于5个试点项目，涉及民间机构、大学、科技公司等五个机构，试点内容分别为电子政务、电子商务、在线医疗服务、移动互联网应用等；2014年FFO将重点放在地方政府应用上，密歇根州社会服务部和宾夕法尼亚州公共卫生部分别获得了130万美元和110万美元的投资，用于强化在线公共服务方面的网络空间可信身份管理；2016年FFO重点推动可信身份在医疗保健领域的发展，投资75万～100万美元试点联合凭证解决方案，使患者通过一张联合凭证就能在线获得多个机构的健康医疗记录，超过150家机构参与了试点项目，试点项目影响了超过590万人，对12个领域的发展产生了极大的影响。

二是欧盟投入资金开展eID管理项目研究和试点。早在1998年，欧盟委员会启动了第五次技术发展和示范研究框架计划（FP5），围绕电子政务、个人隐私保护等方面设置了一系列课题开展网络身份管理研究。2002年开始的第六次技术发展和示范研究框架计划（FP6），相继有 PRIME、FIDIS、TRASER 等研究计划推出，不仅包括原有的电子政务等方面的研究，也开展了在未来网络中引入并部署身份管理的研究，包括关键技术、架构、平台、应用场景等。2008 年，欧盟投入 2000 万欧元实施"STORK"一期项目，旨在发展欧洲 eID 通用凭证，实现跨国界的居民身份管理和跨国界的公共服务。第一期项目所开展的示范服务包括：①电子服务跨国认证平台，支持在多个成员国之间进行跨境电子服务；②Safer Chat，旨在提供一个安全的在线交流环境，使人们能够通过 eID 进行在线交流；③Student Mobility，旨在促进学生之间的交流，使学生能够从一个成员国高校转移到其他成员国高校；④Electronic Delivery，旨在认证现有基础设施能否支持跨国电子文件传输；⑤Change of Address，旨在认证 eID 鉴别应用能否支持欧盟公民的地址变更，从而方便欧洲公民在成员国之间的迁移；⑥ECAS，目的是将"STORK"与欧盟委员会鉴别服务进行整合，使欧洲公民能够访问欧盟委员会的大量应用。2012 年"STORK"第二期计划启动，共有 19 个国家的 58 个合作伙伴参与，主要支持四个新的示范项目，包括：①电子学习和学位认可，旨在建立一系列能为公众、政府和企业使用的科研服务；②电子银行，旨在通过提高人们访问核心服务的便捷性（如跨境银行开户），使得人们更容易在欧洲范围内自由迁徙；③商业公共服务，旨在使合法实体能够使用其他国家的公共服务；④电子医疗，目的是使用 STORK eID 基础设施作为安全 eID 和认证方法，访问电子医疗基础设施。此外，欧盟还启动了"SPOCS""e-CODEX"等项目。2018 年 2 月，全球移动通信系统协会称已开展试点将其多功能身份解决方案应用于欧盟的 eID 相关应用和服务框架，试点项目重点关注移动网络可信身份认证。

第三节　制定网络可信身份服务业相关标准

美国国家标准和技术研究院（NIST）主导标准规范建设，制定了一系列网络身份管理标准，主要分为 SP（Special Publication）系列和 FIPS（Federal Information Processing Standards）系列，包括技术标准、应用标准和管理标准三大类。技术标准涵盖数字签名和认证的公钥技术，安全传输层协议（TLS）的选择、配置及使用指南，个人身份认证接口，个人身份加密算法与密钥长度等；应用标准涵盖数字签名标准、服务器保护指南、联邦雇员身份认证等；管理标准涵盖密钥管理建议、电子认证指南等。上述标准在联邦机构获得了较广泛的应用。此外，一些私营机构也制定了一些有影响力的标准，例如，美国

RSA 公司发布的公钥加密标准（PKCS），得到业界广泛支持，已被 ANSI X9、IETF PKIX 标准及 SET 协议、SSL 协议、S/MIME 协议等采用。

欧盟制定 eID 相关标准，包括支持服务器签名的可信系统、TSP 密码模块的保护配置文件、电子签名基础设施等方面的标准，如表 2-1 所示。

表 2-1　欧盟发布的 eID 相关标准

内　　容	标　　准	发 布 时 间
支持服务器签名的可信系统	CEN EN 419 241-1: Trustworthy Systems Supporting Server Signing Part 1: General System Security Requirements,dated 2018-02	2018 年
	CEN EN 419 241-2: Trustworthy Systems Supporting Server Signing Part 2: Protection Profile for QSCD for Server Signing, dated 2018-05-11	2018 年
TSP 密码模块的保护配置文件	CEN EN 419 221-5: 2018–Protection Profiles for TSP Cryptographic Modules - Part 5 - Cryptographic Module for Trust Services	2018 年
电子签名基础设施	ETSI TS 119 431-1 (draft) Electronic Signatures and Infrastructures (ESI); Policy and security requirements for trust service providers; Part 1: TSP service components operating a remote QSCD / SCDev	处于草案状态
	ETSI TS 119 431-2 (draft) Electronic Signatures and Infrastructures (ESI); Policy and security requirements for trust service providers; Part 2: TSP service components supporting AdES digital signature creation	处于草案状态

第三章

我国网络可信身份服务业
发展总体情况和存在的问题

第一节　我国网络可信身份服务业发展的总体情况

一、法制环境初步形成

随着互联网信息技术的发展，网络空间治理受到越来越多的重视，我国不断加强网络空间信息安全的法制化管理，制定、颁布并施行了多个有关网络实体身份信息安全与管理的法律、法规及规范性文件，初步形成了良好的法制环境。2005 年 4 月正式施行的《中华人民共和国电子签名法》（以下简称《电子签名法》），明确了电子签名人身份证书的法律效力，为确定网络主体身份的真实性提供了法律依据。2012 年 12 月通过的《全国人民代表大会常务委员会关于加强网络信息保护的决定》提出："网络服务提供者为用户办理网站接入服务，办理固定电话、移动电话等入网手续，或者为用户提供信息发布服务，应当在与用户签订协议或者确定提供服务时，要求用户提供真实身份信息。"2014 年 8 月颁布的《最高人民法院关于审理利用信息网络侵害人身权益民事纠纷案件适用法律若干问题的规定》，规范了利用信息网络侵害人身权益民事纠纷案件适用法律的审理规定。2015 年 4 月，中共中央办公厅、国务院办公厅联合印发了《关于加强社会治安防控体系建设的意见》，明确加强信息网络防控网建设，建设综合的信息网络管理体系，加强网络安全保护，落实相关主体的法律责任，落实手机和网络用户实名制，健全信息安全等级保护制度，加强公民个人信息安全保护，整治利用互联网和手机媒体传播暴力色情等违法信息及低俗信息的现象。2017年6月正式实施的《中华人民共和国网络安全法》，明确提出国家实施网络可信身份战略，支持研究开发安全、方便的电子身份认证技术，推动不同电子身份认证之间的互认，并要求"电信、互联网、金融、住宿、长途客运、机动车租赁等业务经营者、服务提供者，应当对客户身份进行查验。对身份不明或者拒绝身份查验的，不得提供服务"。此外，相关部委也相继出台一系列规定和管理办法。2018年，《关于加快推进全国一体化在线政务服务平台建设的指导意见》就电子政务平台"一网通办"做了重要部署，其中"统一身份认证""统一电子印章""统一电子证照"三项任务，试点地区和部门应当于2019年年底完成，全国范围2020年完成。

二、基础设施建设进展显著

近年来，中央网信办、国家发展改革委、科技部、工业和信息化部、公安部、财政部、人力资源社会保障部、商务部、中国人民银行、海关总署、国家税务总局、国家工商总局、国家质检总局、国家密码管理局等网络可信身份相关主管部门都积极开展了网络可信身份相关研究和实践工作，极大地促进了网络可信身份基础资源的建设。例如，中央网信办组织开展了国内外网络可信身份现状、相关理论、政策和应用等研究，并指导开展了网络可信身份项目试点工作。公安部组织直属机构和科研院所加强对网络可信身份认证技术、标准的研究和探索，公安部第一研究所和第三研究所分别提出居民身份证网上副本和电子身份标识作为网络身份凭证，确保网络身份的真实性、有效性。工业和信息化部推行域名实名注册登记制度，规范域名注册服务，加强对第三方认证服务机构的监管，推进电子认证服务产业健康、快速发展。国家工商总局建设了市场经营主体网络身份识别系统（2013年更名为"电子营业执照识别系统"），采用统一标准发放的电子营业执照包括社会信用代码、市场主体登记等信息，具有市场主体身份识别、防伪、防篡改、防抵赖等信息安全保障功能，主要解决企业法人网络身份的识别问题。中国人民银行监管的各金融机构已建立客户身份识别制度，并有效落实执行了账户实名制，通过"面签"的形式确认用户的真实身份，并依据实名认证的结果给用户发放身份凭证；针对在线业务制定了网络可信身份认证策略和网络身份管理策略等。

三、技术产品日趋丰富

随着网络主体身份管理与服务的不断深入，我国网络可信身份技术自主可控能力显著提升，以实现网络主体身份真实性和属性可靠性的国产认证技术产品基本成熟。一是网络认证模式从最早适用于社交平台、电子邮件等安全性需求较低的用户名＋账号、手机号、二维码等低强度认证方式，逐渐演变为适用于电商平台、电子支付、证券交易等安全性需求较高的生物特征识别、第三方互联网账号授权技术等认证方式。二是以非对称加密算法、杂凑算法等为主的基础密码技术逐渐替代国外的算法，例如，SM2、SM3、SM4 等国产密码算法，密码产品不断丰富，通用型产品已达到 62 项，涉及 PCI 密码卡、数字证书认证系统、密钥管理系统、身份认证系统、服务器密码机等多种产品类型。三是基于数字证书的身份认证技术日益成熟，包括数字签名、时间戳等关键技术，以及身份认证网关、电子签名服务器、统一认证管理系统、电子签章系统等一系列身份认证安全支撑产品，国产服务器证书正在逐步替代国外同类产品。

四、网络可信身份服务产业形成一定规模

随着网络空间身份管理与服务的不断深入，生物特征、区块链等技术逐步融入网络身份服务业，推动网络可信身份服务新模式不断涌现，促进我国网络可信身份服务产业快速成长。据赛迪智库统计，截至 2018 年 12 月，我国网络可信身份服务产业总规模超过 1100 亿元。其中，网络可信身份第三方中介服务规模约 30 亿元，网络可信身份服务基础软硬件产品为 552.84 亿元，网络可信身份服务机构收入为 445.89 亿元。

五、标准体系基本完善

我国政府和相关机构十分重视网络可信身份标准制定工作，制定了诸多标准，基本形成了包含基础设施、技术、管理、应用等方面的网络可信身份标准体系。据赛迪智库统计，截至 2018 年 12 月，共形成 275 项标准，其中，基础设施类标准基本成熟，相关标准 61 项；技术类标准较为完备，相关标准 126 项；管理类标准发展较快，有 41 项；应用支撑类标准取得一定进展，有 47 项。

第二节　我国网络可信身份服务业发展存在的问题

一、顶层设计缺失，缺少统筹规划和布局

我国的网络可信身份体系建设缺少国家层面的顶层设计，还未明确将网络身份管理纳入国家安全战略，也未形成推进我国网络可信身份体系建设的整体框架、时间表和路线图，在政策法律、技术路线、应用模式等方面缺少统筹规划和布局，导致各主管部门职责不清，政府和市场、监管和市场发展、自主和开放等的关系还没有厘清，责任主体权益和义务不明确，急需做好调研、理清现状、把握问题，结合中国实际情况，做好顶层设计，促进我国网络可信身份服务业健康持续快速发展。

二、行业监管不足，市场有待进一步规范

网络可信身份作为网络空间的基础设施，随着网络安全攻击手段的不断升级，其面临的安全风险日益严重。行业主管部门需要进一步加强网络可信身份规范监管，提升监管层级，建立网络可信身份认证规范体系，从主体资格、经营场所、注册资本、技术设备、专业人员、用户身份信息管理、可信电子身份标识管理、网络安全管理、运营管理、信用等方面，对网络可信身份服务商的综合能力和水平进行认证，规范网络可信身份服务市场，提高行业整体规范性和服务能力，进一步完善监管系统，加强监管的制度设计，并不断探索利用网络，依法、透明、高效、协同监管，促进网络可信身份服务持续健康发展。

三、基础设施尚未互联互通，重复建设现象严重

由于缺乏战略设计和统筹规划，我国网络可信身份基础设施共享合作相对滞后。公安、工商、税务、质检、人社、银行等部门的居民身份证、营业执照、组织机构代码证、社保卡、银行卡等基础可信身份资源数据库还未实现互通共享，且缺少护照、台胞证、驾驶证等有效证件的对比数据源，导致数据核查成本较高、效率低；现有的网络可信身份认证系统基本由各部门、各行业自行规划建设，各系统各自为战，网络身份重复认证现象严重，并且"地方保护""条块分割"现象严重，阻碍了网络可信身份服务业的快速发展和价值发挥。

四、认证技术发展滞后，还不能满足新技术、新应用的需求

随着互联网应用的深化，对方便、快捷、在线身份认证需求迫切，但无论

是自然人的身份证，还是法人的营业执照等尚不能有效支持网络化远程核验。初次核验用户身份后，在实际业务开展中缺乏必要的后续认证，难以保证用户网络身份与真实身份的持续一致性。云计算、大数据、移动互联网、工业互联网等新一代信息技术不断涌现，数据的传输、存储、处理等方式与传统信息技术及应用存在重大差异，已有身份认证技术、认证手段、认证机制还不足以支撑新技术、新应用的发展。服务商及设备身份、感知节点、应用程序、用户数据存储及处理控制等诸多可信身份的鉴别和认证，对网络可信身份提出更新、更高的要求，网络可信身份技术需要创新发展、与时俱进。

五、教育培养体系建设滞后，人才队伍严重匮乏

人才短缺已成为制约网络可信身份服务业发展的重要因素。作为互联网新兴产业，网络可信身份服务业仍处于发展阶段，人才培养体系建设滞后，人才支撑能力不足，极度缺乏高端人才，专业技术人才供需矛盾日益突出。第一，普通高等教育培养体系还没有设置网络可信身份服务专业，相关课程设置也不科学，没有遵循完整性、前沿性、特色性的原则，国际前沿的网络可信技术知识未能快速普及到课程之中。第二，高等职业教育定位不清。很多高等职业学校除了在理论课程内容设置上比普通高等教育浅显外，培养方式与普通高等教育方式并无差别，高职教育没有突出网络可信身份服务职业导向所重视的实操能力培养。第三，社会培训作用有限。近年来，我国社会培训并没有成为网络可信身份服务人才培养的主要途径，社会上开展网络可信身份服务相关知识培训的机构非常少，相关知识培训班屈指可数，通过国际认证资质的网络可信身份服务人才数量极其有限。

国 际 篇

第四章

美国网络可信身份服务业进展及启示

第一节　美国网络空间可信身份国家战略概要

2011 年 4 月 15 日，为响应 2009 年《网络空间安全评估》中提出的"建立基于网络安全的身份管理战略，保障隐私与公民自由"，美国发布了《网络空间可信身份国家战略》(简称"NSTIC")，计划用 10 年左右的时间，构建一个网络身份生态体系，推动个人和组织在网络上使用安全、高效、易用的身份解决方案。NSTIC 共 8 章，核心内容包括指导原则、前景构想、身份生态体系构成、任务目标和行动实施等。

一、NSTIC 明确了身份生态体系必须遵循四项原则

一是身份解决方案应当增强隐私保护并且由用户自愿应用。政府不会命令用户必须获得属于身份生态体系的凭据，机构也不会强迫要求用户提供属于身份生态体系的凭据作为唯一的交互工具。用户将自由选择使用满足依赖方所要求的最低风险的身份生态体系的凭据，或使用由信任方提供的非身份生态体系机制的服务。

二是身份解决方案应当是安全、可扩展的。安全性既能够保证身份解决方案的保密性、完整性和可用性，又能够在必需的时候保障业务的不可抵赖性。身份解决方案同时应是可用的、适应性强的，在多样化的身份生态系统中，如

果服务提供商破产、不能坚持政策或转变服务主题，那么参与者可以简单地更换服务提供商。

三是身份解决方案应当是互操作的。鼓励服务提供商接受多种多样的凭据和身份媒介，使个体能够使用多种凭据来向服务提供商出具他们的数字身份；此外，身份解决方案的互操作性将使个体能够轻松地更换服务提供商，这样将合理调动市场的激励机制满足个体的期望。

四是身份解决方案应当是高效且易于应用的。对用户而言，身份解决方案将减少甚至消除由于技术及政策造成的需要个人维护多个身份凭据的情况，用户只需要维护较少的身份凭据，即可访问服务提供商；而且，身份解决方案应当易懂、直观、易用，用户只需较少的培训即可使用，尤其是要便于弱势群体使用。对服务提供者而言，身份解决方案是能够降低交易成本、提高运营效率的。

二、NSTIC 提出以用户为中心的身份生态体系构想

NSTIC 提出的身份生态体系构想是：个人和组织可利用安全、高效、易用和具备互操作的身份解决方案，在一种信心提高、隐私保护意识增强、选择增多和创新活跃的环境下获得在线服务。该构想反映了一种以用户为中心的身份生态体系，适用于个人、企业、非营利组织、宣传团体、协会和各级政府等。

三、NSTIC 提出身份生态体系由参与者、策略、流程和相关技术构成

参与者主要包括个人、非个人实体、身份提供者、属性提供者、依赖方等。个人或非个人实体（如组织、软件、硬件和服务等）是在线交易或使用在线业务的主体，他们从身份提供者处获得身份证书，从属性提供者处获得属性声明，并将身份证书和属性声明直接展示给依赖方，以从事在线交易或使用在线业务。身份生态体系的策略基础是身份生态体系框架，该框架为体系的所有参与者提供一套基础标准和政策，这些基础标准和政策提供了最低的安全保障，同时也说明更高级别安全保障的详细细节，以确保参与者能获得足够的保护。

四、NSTIC 明确身份生态体系构建的目的

一是建立综合的身份生态体系框架，细分任务包括：以公平信息实践原则（FIPPs）为基础，建立隐私增强保护机制；扶持私营机构建立基于风险模型的身份鉴别和认证标准，并尽可能与国际一致；界定参与者的责任，建立问责机

制和补救流程，解决身份凭据被错误发放或利用，以及身份系统导致的其他错误问题；建立指导小组对制定标准和认证流程进行管理。

二是建立和实施可互操作的身份生态体系，细分任务包括：促进私营机构基于商业利益自愿实施身份生态体系，促进州、地方、部落和自治政府参与身份生态体系，促进联邦政府采用身份生态系统，建设和实施身份生态体系互操作基础设施。

三是增强用户参与身份生态体系的信心和意愿。通过宣传和教育，让公众知情并积极参与；联邦政府鼓励其他可推动身份生态系统广泛使用的手段。

四是确保身份生态体系的长期成功和可持续性。细分任务包括：通过科技和研发推动创新；推动身份生态系统的国际化。

五、NSTIC 明确身份生态体系实施各方的职责和进度计划

实施身份生态体系需要政府部门和企业的共同努力，NSTIC 明确了私人企业负责具体建立和实施身份生态体系，联邦政府负责指引和保障，国家项目办公室负责制定实施路线图等。同时，NSTIC 还明确了在 3～5 年内使身份生态体系的技术、标准初步具备实施条件；10 年内使身份生态体系基本建成。

第二节　美国网络空间可信身份国家战略（NSTIC）实施情况

NSTIC 是在美国网络安全战略发生重大转变的背景下提出的，是美国网络安全战略的重要构成。在 NSTIC 的指引下，美国政府、行业联盟和企业不断推进可信身份的发展。

一、美国商务部 NSTIC 国家项目办公室统筹协调 NSTIC 推进实施

美国商务部 NSTIC 国家项目办公室与国家电信和信息管理局合作，共同推进 NSTIC 实施。NSTIC 国家项目办公室的主要职责包括：一是促进私营机构参与身份生态系统建设；二是为实现可信身份战略的愿景，建立必要的具有一致性的法律和策略框架；三是与业界合作，研究需要制定的新标准和合作领域；四是支持为达成计划目标所需要的跨机构的协作与协调；五是对国家战略及实现活动的进度进行评估，包括目的、目标及里程碑等；六是促进重要的网络空间可信身份国家战略的引导项目和其他实现项目的开展。

此外，为推进身份生态体系建设，美国国家标准技术研究院投入资金，设立了由私营机构主导的指导委员会——身份生态体系指导小组（IDESG）。IDESG 于 2012 年 8 月正式成立，主要职责是基于 NSTIC 的指导原则，研究制定网络可信身份生态体系框架及一系列网络可信身份标准、最佳实践和协议。

二、出台网络可信身份体系框架等一系列政策和标准

NSTIC 发布后，在美国政府的支持下，IDESG 积极开展网络可信身份体系框架制定工作，并于 2015 年 10 月 15 日发布了《网络可信身份生态体系框架》第一版（以下简称"体系框架第一版"）。体系框架第一版包含了体系框架功能模块、体系框架基本功能要求及补充指南、体系框架认证机制三个核心文件，为所有身份框架体系的参与者提供了一套基本的标准和政策。在该体系框架下，私营机构可以建立多个信任框架。例如，建立用于识别智能卡物理和逻辑访问的信任框架，或建立由移动电话供应商开发的、使消费者和企业能够使用移动设备进行安全、隐私增强的身份和访问管理的信任框架。

与此同时，美国国家标准技术研究院也加快了网络可信身份标准规范研制工作。2017 年发布了新修订的数字身份指南（NIST SP 800-63）系列标准，为联邦机构提供数字身份服务提出了要求。该系列标准包括数字身份指南、注册和身份证明指南、身份认证和身份数据全生命周期管理指南等，描述了身份框架概述，在数字系统中使用身份认证器、凭据和断言，以及选择保证级别的基于风险的过程。与旧版本相比，新版 NIST SP 800-63 有几个重大变化：一是将保证级别分解为身份证明、身份认证和联合声明等几个独立的部分；二是创建了多个章节，明显区分规范性语言和信息性语言，使得每个章节都包含强制性要求和推荐性措施；三是在英国和加拿大同行的支持下，对身份认证进行了重大改革，支持通过虚拟渠道进行亲自认证；四是阐明了基于知识的认证仅限于身份认证过程的特定部分；五是解决了集中生物特征匹配所需的安全性问题等。

三、通过政务示范应用和资金投入推进身份生态体系建设

NSTIC 发布后，NSTIC 国家项目办公室启动实施试点计划，推动可实现 NSTIC 愿景和网络可信身份服务市场的发展。2012—2016 年，试点计划共支持了 24 个项目，提供了 4500 多万美元资助，如表 4-1 所示。试点项目覆盖医疗、金融、教育、零售、航空航天、政府等领域，主要集中在三个方面：一是身份服务市场发展；二是新兴的身份服务框架和组件；三是身份服务标准和互操作性。试点机构既包括政府部门，也包括私营机构。例如，2014 年美国政府拨款

240 万美元给密歇根州和宾夕法尼亚州，用于开展可信身份识别系统的试点工作，主要试点内容是可信身份的跨地区互联互通和电子政务统一 ID 项目。在技术方案层面，两个地区采用了州内政府部门使用统一身份数据库的技术，并积极探索使用隐私增强技术。又如，2016 年美国政府拨款 375 万美元给 ID.me 公司，主要试点内容是向得克萨斯州奥斯汀市提供一种共享经济相关利益各方均可接受的身份解决方案，向缅因州提供联邦身份模型以增加公民获得福利的机会，并在联邦和州两级演示可互操作的凭据。

表 4-1   2012—2016 年 NSTIC 试点项目

年　　份	试 点 项 目
2012 年	跨部门数字身份倡议（美国机动车管理者协会）
	属性交换网络（Criterian 公司）
	促进 NSTIC 生态系统的商业参与（Daon 公司）
	患者护理协调 / 零知识身份和隐私保护服务（弹性网络系统公司）
	扩展隐私和多因素身份认证（大学先进互联网发展公司）
2013 年	替代密码的强身份认证解决方案（Exponent 公司）
	通过信任标记促进信任的互操作（佐治亚理工学院）
	通过认证方式促进市场发展（ID.me 公司）
	未成年人信托框架（在线隐私保险公司）
	中小企业和金融部门信托框架发展指南试点（Transglobal 公司）
2013 年（州试点项目）	跨机构用户认证（宾夕法尼亚联邦政府）
	密歇根州社会服务部身份认证项目（密歇根州社会服务部）
2014 年	数字身份欺诈警报系统（Confyrm 公司）
	支持基于移动的身份和访问管理技术（GSMA 公司）
	利用州驾照审查程序的信任证明电子身份在在线交易中的有效性（Morpho 信任美国有限公司）
2015 年	为个人提供通过强身份认证在网上存储和共享私人信息的能力（Galois 公司）
	通过生物特征认证确保获得国家福利和纳税申报表（Idemia 身份和安全公司）
	Health IDx 公司试点项目

年　　份	试点项目
2016 年	儿童支持计划在线身份认证（佛罗里达州财政部儿童支持部门）
	基于 FIDO 和 OpenID 为威斯康星州学生在线教育和科罗拉多州居民网上公共服务提供身份认证（Yubico 公司）
	俄亥俄州行政服务部多因素身份认证提高身份能力（俄亥俄州行政服务部）
	数字驾驶执照（Gemalto 公司）
	共享经济身份认证（ID.me 公司）
	跨医疗保健系统联合身份、单点登录、多因素身份认证解决方案（Cedars-Sinai 医疗中心）

四、美国企业构建多个联盟推进网络可信身份服务发展

美国企业已构建多个联盟推进网络可信身份服务发展。例如，卓越身份联盟（Better Identity Coalition），该联盟致力于推动形成跨地区跨部门互联互通的身份认证解决方案。该联盟的创始成员包括来自不同领域的领导者，还包括金融服务、医疗保健、技术、电信、金融科技、支付和安全等领域的公司。这些公司包括 Aetna、Bank of America、IDEMIA、JPMorgan Chase、Kabbage、Mastercard、Onfido、PNC Bank、Symantec、US Bank 和 Visa 等。某些 NSTIC 的顾问和负责人也加入了部分企业，继续开展可信身份服务相关工作。例如，NSTIC 前负责人格兰特成为了一家相关企业的技术总监，积极倡导政府部门与企业合作，为在线服务提供更安全和易用的身份识别解决方案。

第五章

欧盟推进 eID 建设的做法和经验

eID（electronic IDentity，电子身份证）是欧盟政府颁发给公民的用于"在线识别"（网络远程身份识别）和"离线识别"（面对面身份识别）身份的证件。20 世纪末，欧盟成员国之间基本无法通过网络提供跨境公共服务，有些成员国之间的在线服务虽然能够办理，但需经过烦琐的程序，欧盟为节约政府行政成本、为各国公民与企业的生产生活提供便利，开始实施 eID。

第一节 欧盟推进 eID 的概况

一、陆续出台推进 eID 相关战略计划

eID 的相关工作源于欧盟的电子政府计划，从 20 世纪 90 年代末，欧盟就致力于在欧洲范围内推广 eID，并陆续制订多个推进 eID 的总体战略和计划。1999 年 12 月，欧盟提出"电子欧洲"的概念，并发布了建设欧洲信息社会的战略——《电子欧洲：所有人的信息社会》。该战略从十个方面对全面建设欧洲信息社会进行了规划。2002 年，欧盟委员会启动第六次技术发展和示范研究框架计划（FP6），陆续开展"PRIME""FIDIS""TRSAER"等项目的研究，包括身份管理研究，以及构架、关键技术、平台、应用等方面的研究。2005 年6 月，欧盟委员会正式提出"i2010 战略计划"，以建立一体化的欧洲信息社会。计划提出了三个优先发展的领域：建立"单一欧洲信息市场"；加强 ICT（信息

和通信技术）的创新和研究投入；建立高包容性的欧洲信息社会。根据该计划的安排，2006 年 4 月，欧盟发布《i2010 电子政府行动计划》，以建立安全系统，开展公共管理网站和服务领域国家电子身份的相互认证，指导公共服务领域更好地运用信息技术。同年，欧盟委员会发布《2010 泛欧洲 eID 管理框架路线图》报告，该路线图指出了泛欧洲 eID 管理框架的时间安排、模块组成及发展阶段，并规定泛欧洲 eID 管理框架的核心原则，即在发展欧盟成员国 eID 的过程中，要以公民为中心，全面为公民服务并保障公民的隐私。欧盟成员国公民持有个人 eID 可在任意一个成员国享受医疗保险等电子政务和电子商务服务。2011 年，欧盟委员会推出 i2010 后续计划"数字化议程"时指出，未来 eID 技术和认证服务将成为政府和私营机构在互联网业务中的一部分。2018 年 9 月 29 日起，欧盟《电子身份识别和信托服务条例》（eIDAS）正式生效。该条例在欧盟范围内承认电子身份证的合法地位，欧盟居民和企业可在成员国范围内跨境进行网上纳税申报、建立银行账户、登记企业、申请学校、读取个人电子病历等。该条例确保为个人数据保护提供最高级别的标准。根据条例规定，欧盟各成员国将从法律上互相认可国民电子身份证系统。

二、不断完善 eID 相关法律法规体系

欧盟 eID 战略计划下，欧盟着手制定 eID 适用的法律法规，不断完善其法律法规体系，为 eID 在欧盟范围内推广奠定基础。欧盟为推动电子签名的应用，协调成员国之间的规范，提高人们对电子签名的信心，创设了一种弹性的、与国际行动规则相容的、具有竞争性的跨境电子交易环境，制定了统一的电子签名法律框架《关于建立电子签名共同法律框架的指令》。2006 年，《有关盟内服务贸易市场的第 2006/123/EC 号指令》通过取消成员国之间的监管和行政障碍，建立服务贸易内部统一市场构架，提出"单一接触"的概念，要求成员国之间建立特定的在线电子政务服务入口，并通过此入口为其他成员国提供公共服务。2012 年，欧委会提出了《电子签名和电子身份证法规》草案，新规则包含电子身份证和电子签名两部分，成员国通过互认和接受原则为电子身份证提供法律确定性，新法规为服务提出了电子签名共同规则和操作规范。该法规的目的是弥补《关于建立电子签名共同法律框架的指令》的不足，保障公民和企业能够使用本国 eID 获得其他欧盟成员国的公共服务，创建电子签名和跨境网上服务的单一市场，确保这些服务具有与传统的纸质文件同样的法律效力。2014 年，欧盟成员国对关于单一市场内电子交易的电子身份认证和信托服务的法案草案予以认可。一方面，该法案草案在充分尊重隐私和数据保护规则的基础上，确

保个人和企业可以跨国使用其本国的 eID，获取其他欧盟国家的公共服务。另一方面，该法案草案旨在消除跨国界无缝电子信托服务障碍，确保其享有与纸质程序相同的法律价值。新的规则将允许单一市场的所有参与者，包括公民、消费者、企业和行政主管部门，都可以开展"线上"业务。2018 年，欧盟《通用数据保护条例》生效，该条例作为史上最严格的个人信息保护法，对个人信息的采集、存储、使用做了系统的规定，欧盟还围绕《通用数据保护条例》发布了一系列指南，这将有助于解决 eID 应用过程中隐私保护的问题。

三、积极开展 eID 相关技术标准研究

欧盟积极开展 eID 技术、产业、应用推广等领域的相关研究工作，制定出台了多部 eID 相关标准，发布系列框架计划，以及发展现状研究报告。

在标准方面，欧洲电信标准化协会（ETSI）专门成立了电子签名和基础设施技术委员会 TC ESI，负责电子签名和身份管理相关标准的制定。已形成了签名、证书策略、时间戳等系列标准，主要包括：针对安全签名生成设备提供统一的可信服务商的状态信息标准；用于安全电子签名的逻辑和参数、扩展商业模式的签名策略标准；国际统一的电子签名格式、CMS 高级电子签名标准；ASN.1 签名策略格式、XLM 高级电子签名标准；SEC ESI 签名策略报告标准；签名策略 XML 描述标准；欧洲电子签名标准应用、eID 卡、角色和属性证书请求标准；证书服务商用有效证书发布的属性证书策略请求标准；证书描述预研标准；认证中心服务有效证书的策略请求标准；认证中心发布公钥证书的策略请求标准；有效证书描述标准；拥有欧洲电信标准化协会可交互维护的过程和工具标准；时间戳授权请求标准；时间戳描述标准等一系列 eID 相关技术标准。

在技术框架研究方面，1998 年，欧盟委员会启动第五次技术发展和示范研究框架计划（FP5），提出信息与通信技术的发展在促进电子商务、远程学习、远程医疗等快速发展的同时，还面临着个人身份丢失和个人隐私泄露的极大挑战，并围绕电子政务、个人隐私保护等方面开展了一系列的研究。2002 年，欧盟委员会启动第六次技术发展和示范研究框架计划（FP6），陆续开展"PRIME""FIDIS""TRSAER"等项目的研究，包括身份管理研究，以及构架、关键技术、平台、应用等方面的研究。2004 年，欧盟启动电子政务与公共机构、企业、公民的对接计划"IDABC"。IDABC 定义了欧盟互操作框架，并将其分为三类操作级别：组织级别的互操作，涉及不同管理部门提供服务的业务目标和过程；语义级别的互操作，涉及各类应用信息交换的语法和语义；技术级别的互操作，涉及联网计算机的开放接口、中间件等。

在 eID 发展研究方面，2009 年，欧盟委员会下设的欧洲网络与信息安全局发布《泛欧洲网络身份管理倡议发展现状发展报告》，将 eID 的管理举措分为两类：一是针对跨境身份证明，如规范化倡议《有关盟内服务贸易市场的第 2006/123/EC 号指令》和互操作倡议 "STORK" 项目；二是针对跨境身份资源可用，例如，身份信息资源互换机制倡议 "BRITE" 计划和实现终端用户使用身份认证资源的倡议计划 "PEOPLE"。《泛欧洲网络身份管理倡议发展现状发展报告》在政策层面，分析了《2010 泛欧洲 eID 管理框架路线图》的目标、原理、里程碑以及 eID 管理框架的实施情况；在构架层面，对实施路线图的整体构架及其执行情况进行讨论；在应用层面，讨论了为实现《有关盟内服务贸易市场的第 2006/123/EC 号指令》的 "单一接触" 所做的一系列努力。2018 年 9 月—11 月，欧盟开展了一系列 eID 研讨会，主要探讨中小企业 eID 应用的最佳场景和实践。随后，欧盟委员会的一项研究发现，中小企业实施 eID 能够减轻管理负担，提高业务流程效率，显著降低成本和开展更为安全的电子交易。该研究表明，应大力推广金融、在线零售、运输等领域的 eID 应用。

四、鼓励开展 eID 基础建设和应用推广

近年来，欧盟鼓励各国积极开展 eID 基础设施建设和互联互通，在各领域积极推广 eID 技术和应用。2017 年 3 月 7 日，德国、荷兰和奥地利已经成功连接了 eID 基础设施，从而可以使用奥地利和德国的 eID 来访问荷兰的在线公共服务。具体示例包括农业门户网站、处理交通罚款和市政当局提供的服务。这项工作是欧盟共同资助的 e-SENS 项目中的一项工作。2018 年 2 月，全球移动通信系统协会称，已开展试点将其多功能身份解决方案应用于欧盟的 eID 相关应用和服务框架，试点项目重点关注移动网络可信身份认证。2018 年 11 月，欧盟发布了针对中小企业的 eID 应用指南。指南对 eID 相关法规和政策进行了介绍，给出了实现 eID 应用的解决方案，并提供了在金融、在线零售、运输等领域应用 eID 的案例，并为中小企业选择适合自身的解决方案提供指导。自 2018 年 9 月 29 日起，欧盟范围内允许跨境识别公民 eID，允许公民必要时可跨境分享身份数据，例如，使用 eID 登录欧盟国家的在线公共服务网站，并访问位于欧盟国家的自身医疗数据。

欧盟希望能够跨境使用 eID 的国家应当首先将本国 eID 的解决方案告知欧盟，以便欧盟委员会进行评审。评审通过即得到其他国家的资格承认，进而成为 "eID 成员国"，能够在成员国范围内实现跨境使用 eID。根据欧盟委员会的报道，截至 2018 年 9 月，德国、意大利、克罗地亚、爱沙尼亚、卢森堡、西

班牙已告知欧盟委员会希望开展评审，比利时、葡萄牙也有意向加入。欧盟委员会认为，eID 相关应用和服务将提供多方面的便利。一是为跨境电子业务提供便利。例如，在注册外国大学、开设银行账户、访问电子健康记录等方面，消除各国身份认证方式不一致的麻烦。二是便于 GDPR 的实施。eID 便于网站识别基本信息，包括年龄信息等，例如，网络运营商发现访问社交媒体或网站的是未成年人，则应当按照 GDPR 对未成年人身份信息保护的规定，不得向其索要过多身份信息。三是推进身份认证服务技术的创新和服务的开展。欧盟委员会表示，推广 eID 能够为欧盟企业每年节省 110 亿美元。

第二节　欧盟推进 eID 的项目

一、"PRIME"项目

该项目的系统构架整合了所有有关隐私方面的技术和非技术类网络身份管理解决方案，有效地解决了人机接口、本体、授权等方面的基础核心问题，并且此框架作为所有参与者之间的通用语言，可以增强角色感和责任感。此成果向产业界的转化，充分发挥了项目成果作用，不仅有利于支持欧盟的隐私法规，而且增强了欧盟在电子身份管理方面的领导力。

二、"STG14"项目

欧盟的"STG14"项目的泛欧电子身份认证计划目的是测试跨国为欧盟公众和企业提供电子政务服务的可行性，实现电子身份认证的泛欧识别。该项目由英国身份和护照服务局牵头实施，项目覆盖 13 个成员国。"STG14"项目通过测试电子化渠道，确定成员国建设电子身份相互识别的安全系统的改进方案，解决技术及业务流程问题，提供跨国电子政务服务。该项目的实施促进了欧盟成员国的公民更加自由地在欧盟范围内求职、求学、求医、旅游等，促进欧盟的电子政务的进一步发展。

三、"STORK"项目

该项目在充分保护数据与隐私前提下，通过欧洲电子身份证通用平台，允许欧盟公民使用其本国电子身份证在另一成员国获得电子公共服务，建立健全公共管理平台、进行跨境鉴定和服务，最终使欧洲公民的生活和工作在整个欧洲范围内不受限制。2012 年，欧盟开始实施"STORK"二期项目，为期 3 年，

19 个成员国在"STORK"一期项目成果的基础上建立单一欧洲电子身份证认证与鉴定体系。通过立法和授权，改善和提升跨境电子身份认证基础设施的建设。欧盟单一电子身份认证的实现将有效克服成员国之间的法律壁垒，实现欧洲公民自由流动和无国界生活与工作。

四、"PERMIS"项目

"PERMIS"项目是英国 Kent 大学针对网络可信身份认证和权限管理技术设施开展的研发项目。此项目基于角色访问控制模型，通过颁发属性证书对用户权限和访问策略进行管理集成，关注于分布式环境下的用户属性及角色属性的可信发布等问题。鉴于身份认证与具体应用无关这一特性，独立于应用的身份认证系统成为认证技术的发展趋势，此技术不仅可以有效降低建设和维护成本，而且可以提高认证与访问控制系统复用程度和方案灵活度。

五、"e-CODEX"项目

实施"e-CODEX"项目，以创建成员国"电子司法"（e-Justice）体系，加强欧盟成员国法律机构间的互操作性，推进司法便利，在欧盟范围内提高司法透明度和减少法律繁复程度。此项目已在欧洲支付指令、敏感文件交换等领域进行试验并获得技术解决方案。

六、"BioPass"项目

该项目的目的是研究符合欧洲身份卡（ECC）系列的 eID，为欧盟范围内的电子政务应用开发具有高安全性与互操作性的智能卡平台。研究项目覆盖安全芯片及其加密技术、卡操作系统、PC 安全软件的开发等。项目研究成果将被作为欧盟未来电子身份证件的技术基础，保加利亚、捷克、法国、德国、波兰、罗马尼亚、瑞士和英国等欧洲国家，都计划在未来引入"BioPass"项目的研发技术，研制符合国际标准的 eID 卡。芯片卡技术安全易用，能够使欧盟公民在网上享受政府和公共部门提供的服务，包括车辆登记、选举投票、零售、银行等领域的服务。

七、"ISA"项目

"ISA"项目通过建立公共平台，促进成员国的公共行政部门轻松合作。为了将敏感数据限制在权威部门之间交换和共享，保证数据信息的安全，"ISA"项目提供了创建及检验高级电子签名的工具，并着重于建立欧盟成员国在语义、定义及分类的互操作性方面的共同合作。"ISA"项目的另一个重要目标是建立一个构架良好的欧盟有效合作系统，该系统需包括多个组件模块，如多语言服务平台、数据共享的安全网络平台等。

八、"FutureID"项目

该项目具体包括五项研究：

（1）开发一个便于使用的、符合标准的开放源码的 eID 客户端，以支持移动设备等主要平台、相关的协议和格式，并兼容主要欧盟成员国的 eID；

（2）开发 eID 相应的程序组件，为在线服务提供商提供便捷、低成本的应用功能；

（3）开发欧盟统一、安全、可靠的基础设施，制定协调一致的标准，促进不同国家 eID 系统的兼容性；

（4）应用最新技术，以保障用户的隐私不受侵犯；

（5）从法律、经济等非技术角度加强对 eID 系统的研发，提高软件的易用性。

第六章

比利时推进 eID 建设的做法和经验

第一节　比利时推进 eID 的背景

欧盟启动电子政府计划，提出"电子欧洲"的概念，并发布欧洲信息社会战略《电子欧洲：所有人的信息社会》后，又发布了关于建立电子签名共同法律框架的指令、隐私与电子通信指令，提出 eID 管理需要公共授权，并可以适用于电子政务、电子医疗、电子商务等领域。在此背景下，比利时部长理事会批准开始实施电子身份证（eID）的研究工作，并在其若干省份开展试点，推行互联网身份管理系统和带有 eID 的智能卡，之后在试点成功的基础上，逐步将 eID 卡推广至全国。比利时实施 eID 的主要目的是授予比利时公民数字身份，使公民能够向各类互联网证明其身份和进行数字签名，同时提高管理的开放性、便利性，保护个人的隐私、提高使用的安全性。截至 2018 年 12 月，比利时成为第一个大规模发行和应用 eID 卡的欧盟国家，其应用和推广程度位列世界前列。

第二节　比利时推进 eID 的概况

一、比利时 eID 发展推进历程

欧盟颁布《欧洲电子签名指令》后，比利时部长理事会依据欧盟出台的关

于电子身份的法律及战略，批准开展实施 eID 卡研究工作，随后，比利时部长会议决定允许居民通过公钥加密和证书访问电子政务系统，用户加密密钥和对应的证书将存储在智能卡中。同时，部长会议还确定了具体工作指导方针，制定包括芯片、读卡器和证书使用说明等文件，并决定在 11 个自治市实验测试成功后，在全国范围内部署 eID 卡。进入 21 世纪，比利时正式启动 BELPIC（比利时个人身份卡）项目，在初步测试阶段，比利时只发放了 6000 张 eID 卡。但随着《欧洲电子签名指令》正式转变成比利时法律，比利时部长理事会决定由内务部负责组织 eID 基础设施的建设。不久，比利时部长理事会对 BELPIC 项目的成果进行评估后，决定采取措施进一步发展比利时 eID 卡，决定在 11 个城市中开始发行和测试 eID 卡。试点发现并解决了一些技术问题，包括持卡人的地址不再出现在卡面上，而是保存在芯片中，避免持卡人每次更改地址时都要重新申请 eID 卡。11 个城市的试点获得了令人满意的效果，比利时决定向其他比利时居民发行 eID 卡。随后，比利时政府开始在全国范围内发行 eID 卡，并将新发行的卡全部替换成 eID 卡。截至 2018 年 12 月，在比利时 1100 万人口中，使用电子身份标识的人数超过 900 万，覆盖了全国 80% 以上的人口。

二、卡片内容及技术路线

比利时的 eID 基于 PKI（公钥基础设施）技术，其卡片采用的是 Sun 公司的 JavaCard 技术，eID 卡芯片内置多项文件，包括身份文件、照片文件和两个签名文件。其中，身份文件包含持卡人的基本身份信息，包括姓名、国家注册号码、国籍、地区、出生日期、性别、头衔和特殊状态（是否残疾）；照片文件是一个 3KB 大小的 jpeg 格式的照片，其完整性由身份文件保护，身份文件包含照片的 hash 值；签名文件包含两对密钥和对应的证书，其中一个用于身份认证（身份认证证书），而另一个用于生成数字签名（签名证书）。身份认证证书用于确认持卡人的姓名、照片、出生、性别等登记的基本信息，签名证书用于确认签名效力。比利时 eID 卡中不包含加密密钥，不能进行加密等相关操作。比利时 eID 卡内置的一些卡片和用户信息，如卡片序列号、姓名、性别、身份证号、国籍、生日等，不仅保存在卡片内部，同个人照片一样也印在卡片表面。比利时 eID 卡采用的认证方式是基于签名的认证方法，即服务器发送一个随机数，用户通过输入 PIN 码授权 eID 对该随机数进行签名，然后把签名和公钥一起发送给服务器，由服务器认证并确认用户身份。由于 eID 采用的是基于 Java 芯片的接触式卡，所以读取卡片时必须使用专门的读卡器和特殊的电脑软件。在 eID 安全性方面，卡片禁止用户私钥导出卡片，并采用 PIN 码对卡片进行保护，用户进行身份鉴别和生成签名时都需要输入 PIN 码进行确认。比利时使用 eID 实现的身份认证使公共管理部门能够自动检索任何存储于电子身份证中的有关其持有人的信息，从而大大减少了数据冗余和不必要的表格填写，提高了政府及公共服务部门的办事效率。

三、应用领域及发展速度

比利时实施 eID 卡以来，越来越多的应用依赖于 eID 卡，其数字身份认证功能和数字签名功能越来越普及。证书吊销列表 CRL 大小的变化也从侧面反映了 eID 卡的使用状况。CRL 从最初几乎没有（初期发布的证书未到有效期），到 2006 年已经达到 34 841KB，增速不断提高。截至 2018 年 12 月，在发放的超过 900 万张的 eID 卡中，约 20% 的证书作废，CRL 大小已变为 130MB。比利时 eID 卡的快速增长还依赖于应用系统的广泛支持，其可以应用于电子政务办公自动化、婚姻状况、出生证明、国家注册登记系统，电子税务报表声明、税务咨询系统，水费发票、能量契约系统，电子法务审判案件结论提交系统，Windows Gina、Vista、Citrix 等系统的登录，电子商务、电子银行、电子邮件、电子健康档案、电子管理、Web 服务器客户端身份鉴别、访问控制，以及集装箱收集、图书馆、游泳池等电子系统中。其中，比较典型的应用是比利时的电子车票系统。积极响应国家号召，比利时国家铁路公司启动身份证电子车票系统替代纸质车票。比利时公民在铁路公司的网站上订票时，只需使用 eID 在线提供其身份信息，就可以订购到类似飞机票的电子客票，而不需要打印出纸质车票。乘客在上车检票时出示身份证即可。该系统非常好地发挥了 eID 的作用，使乘客购买车票更加方便快捷并且有利于环保。

第三节　比利时推进 eID 的特点

一、完善的法律制度

比利时的 eID 卡将电子政务和电子商务身份及签名应用实现了统一，为保障这一架构的实现，比利时出台了一系列相应法律法规。电子身份证的法律框架最早始于 2001 年发布的《电子签名法案》，该法案基于欧盟 1999 发布的《电子签名指令》，其主要规定了电子签名和认证服务的法律框架，确立了关于电子签名和证书服务供应商的法律体系。随后，比利时又颁布了《电子身份证皇家法令》，介绍了关于电子身份证的基本条款、基本形式等。《关于自然人身份证及人口登记电子数据注册登记磋商及修正权利的皇家法令》的出台，建立了进入和修正存储于电子身份证和国家登记簿或自然人国民登记簿中相关信息的系统；《关于广泛引入电子身份证的皇家法令》延长了境外试点区域。经过实践证明，这些法律规范成为比利时电子身份证成功推行的重要保障。2018 年 3 月，比利时政府出台法规，禁止私人使用人脸识别或其他基于生物特征的视频分析摄像机，以保护那些已经被用于身份认证的数据。

二、明确的实施机关

比利时电子身份登记机关有比利时国家登记机关、Crossroads Bank 和 Bis-register。其中，比利时国家登记机关主要用于登记比利时公民的身份信息，包括基本身份信息、就业信息或公民家庭成员状况等，还可登记非公民信息和等候登记人信息。Crossroads Bank 是比利时政府确立的非严格意义上的官方登记机关，主要通过联网信息服务于社会保障和企业，它类似于一个网络数据库，可指出任何真实的数据源，但是并不拥有数据本身。由于该登记机关数据包含了所有在比利时进行经济活动的企业、企业家和企业机构的所有基本信息，除了为社会保障机构提供简化服务，也为企业提供识别服务。Bis-register 为双注册机构，是比利时政府为了使不能进行国民登记的人享受社会保障而专门设立的登记注册机构。它类似于一个备用数据库，当一个新的实体开始接受比利时社会保障时，他的信息会被首次登记于此，并不断被社会保障机构更新。所有在此注册机构注册的人都可以在没有进行国民登记的情况下享受比利时社会保障福利。备用数据库模式确保了比利时民众充分享受政府的社会保障福利。

三、清晰的 eID 卡种类划分

比利时政府为了方便管理，并适应应用系统的需求，对 eID 卡进行了明确的划分，主要分为以下 3 种类型的卡片：公民 eID 卡、儿童 eID 卡、外国人 eID 卡。公民 eID 卡强制发放给年满 12 周岁的比利时公民。儿童 eID 卡依照家长或者监护人的要求，发放给 12 岁以下的比利时公民。2009 年 3 月 3 日的部长法令规定，从 2009 年 3 月 16 日开始全国范围内发行儿童 eID 卡，6 岁以上的儿童可以使用儿童 eID 卡认证自己的身份，儿童 eID 卡将在持卡人年满 12 周岁时失效。外国人 eID 卡发放给任何有居住允许证明的 12 岁以上的外国人。外国人也有三种类型的 eID 卡：第一种表明持卡人拥有有效的居住允许；第二种表明持卡人已经在其居住地登记机关登记；第三种表明持卡人是欧盟居民的家庭成员。外国公民 eID 卡的所有的属性和功能同传统比利时 eID 卡都是一样的，除了证件类型值不一样。儿童 eID 卡只发放给比利时公民，外国 12 岁以下儿童不能拥有儿童 eID 卡。

四、较具特色的儿童 eID 应用

比利时政府为提高儿童在紧急情况下的安全度，专为 12 岁以下儿童开发具有特殊功能的 eID 卡，方便在发生突发事件时尽快与家长取得联系。儿童 eID 卡只有一张信用卡大小，有三个主要功能：第一，它是比利时儿童的电子国民身份证明，也可以充当在大多数欧洲国家旅行的正式旅行证件。它包含所有必要的身份信息及儿童的照片。第二，在紧急情况下可以保护儿童安全。假如儿童迷了路，或是遇到意外，印在卡上的热线号码可以用来通知家长或朋友。拨打者可拨通热线号码并输入该儿童的 11 位国民登记号码（National Registry number），在发卡时家长可填写最多七个电话联系方式，这时通话就会立刻被转到联系方式列表的第一个号码。如果没人接听则立即转到第二个号码，以此类推，直到联系上为止。如果列表上的所有人都联系不上，则通话会被转至 24 小时有人接听的"比利时儿童关注"（Belgian Child Focus）热线。第三，这种儿童 eID 卡可以用来提高互联网聊天的安全度和使用要求身份认证的服务。内置的 PIN 码能够自动使儿童通过认证并获得允许使用范围内的网络服务。其他的潜在用途还包括图书馆阅读、体育俱乐部会员认证或医疗系统认证等。

第七章

德国推进 eID 建设的做法和经验

在欧洲国家中，德国在政府层面具有较高级别的创新理念和较强烈的政治意愿：实现国家现代化，给民众提供改善社会竞争力、福利和生活条件的可能性。2006 年德国部署了对其政府发展非常重要的政府数字现代化计划：电子政务 2.0（e-Government2.0），目的是使电子政务在安全和信任的框架内实施，确保德国民众能在现实世界和虚拟世界之间无缝链接。可信身份认证是电子平台应用的重要方面，因此，在推行电子政务的过程中，IT 规划委员会确定了电子身份（eID）联合发展策略。通过 eID 进行身份认证后，公民能够通过网络简单而安全地享用国家提供的电子服务，最大限度地提升社会效率。经过四年的准备工作及实施细节的探讨，德国于 2010 年正式启用 eID，用以在虚拟网络世界有效识别公民的可信身份。

第一节　德国 eID 体系建设的现状

一、完善相关法律法规体系

欧盟发布了《电子签名统一框架指令》后，又发布了《隐私保护和电子通信指令》，为建立欧盟范围内网络可信体系奠定了法律基础。随后，欧盟委员会提出了欧盟网络发展策略，建设欧盟创新开放、公平无缝的网络环境。欧盟网络发展战略突出了建立网络可信身份体系的必要性。为了适应欧盟一体化发展战略，响应欧盟的统一号令，德国推出 eID 作为可信身份在本国的解决方案。利用 eID，可以识别身份、保护数据，降低网络欺诈的风险，一方面，确保欧盟内部跨境网上交易的安全性和可行性；另一方面，保障了本国公民能够在其他欧盟国家方便地获得公共服务。为了规范 eID 的应用，德国修订了多个法律法规。2010 年修订的《德国国民身份证法》中规定 2010 年 11 月以后公民只能领取包含 eID 功能的新版身份证；开通 eID 后，年满 16 岁的身份证持有人可以用电子方式证明身份。此外，德国电子政务法规定，所有政府当局机构必须接受公民使用 eID 进行身份认证。德国行政程序法规定，使用 eID 功能进行身份认证可以代替手写签名。2018 年，德国政府对与在线报关、签名等相关的法律也做了相应调整，使其适配新版身份证的电子功能。

二、建立了各部门相互协调的组织架构

为了推行 eID 在德国的应用，截至 2018 年 12 月，德国已建立了由德国联邦内政部牵头，德国联邦印钞公司、德国联邦信息安全办公室、授权证书发放处等机构相互协调的组织架构。其中，德国联邦内政部（BMI）主要负责新版身份证的发行管理工作，德国联邦印钞公司负责为新版身份证中的 eID 签署密钥，德国联邦安全办公室（BSI）主要负责制定 eID 安全标准，授权证书发放处（VfB）负责 eID 鉴定授权证书的发放。服务商如果想使用 eID 对客户进行身份鉴定，必须到授权证书发放处申请相应的国家授权证书。授权证书发放处按照严格的规定进行审核，哪项服务确实需要哪些数据，然后针对该数据发放授权证书。这些机构协调配合，共同保证了 eID 功能的顺利推行。

三、形成了较为完善的安全标准体系

截至 2018 年 12 月，为保障 eID 在应用过程中的信息安全，德国建立了较为完善的安全标准体系，包含相关标准超过 30 个。其中，德国联邦信息安全办公室颁布了近 20 个电子身份证技术准则和保护配置文件，主要分为四类：技术标准、加密标准、检查标准、安全防护配置准则。技术标准规定了电子身份证的功能要求和安全机制的标准；加密标准记录了电子身份证中应用的基于密码学建立的多种加密算法；测试标准明确了电子身份证应符合的有关技术准则；安全防护配置准则描述了潜在的安全威胁和安全防范措施的最低要求。这些安全标准规定了电子身份证基础设施的安全性，描述了对数据保护的要求，明确了个人信息保护的原则，有效地保障了 eID 持有者在使用过程中的隐私安全。

四、技术进步保障用户使用安全

德国新版身份证采用智能卡，包含适用于 ISO-14443 标准的芯片，内置存储空间。新版身份证的发行为 eID 的启用提供了合适的载体，内置 RFID 芯片，通过身份证读卡器可以读取身份证芯片内所存储的信息，如姓名、地址、照片等。使用者在家轻点鼠标就能完成网上购物或在政府部门网上办理手续。统计数据显示，截至 2018 年 12 月，德国新版身份证发行数量超过 3500 万张（注：德国人口约 8000 万，新版身份证不强制更换，传统身份证在有效期内仍可正常使用）。其中，eID 功能的启用是自愿的，既可以在身份证登记处激活，也可以停用。出于隐私考虑，德国不对外公布 eID 启用的数量。2018 年 11 月，德国正在使用的 eID 系统被发现存在漏洞，该漏洞能够被用来开展身份欺诈攻击，迷惑 eID 的认证功能。该漏洞存在于支持 eID 身份认证的网站软件包中，而非存在于 eID 卡射频识别芯片里。发现该漏洞的德国网络安全公司表示，他们已经向 CERT-Bund（德国计算机应急响应小组）报告了此问题，CERT-Bund 已与供应商 Governikus 合作发布了补丁。

第二节　德国 eID 的主要功能

德国 eID 主要用以提供安全的在线可信身份认证功能。德国身份证法第十八条规定，年满 16 岁的身份证持有人，可以用身份证以电子方式，向公共或非公共机构证明身份。eID 在德国的具体功能如下。

确认：德国各银行开立账户或申请合格的电子签名时，需要个人资料作为基础，eID 可以用以确认这些个人资料。

鉴定：通过读卡器读取存储在新版身份证芯片上的 eID 证书，可以对用户进行识别鉴定。用户使用 eID 在某些在线应用中对身份进行注册后，可以产生化名用以后续识别。通过 eID，公民可以在政府在线平台上对电子政务服务进行访问。德国联邦信息安全办公室为 eID 量身定做了软件 AusweisApp，用以在线识别和鉴定身份。

年龄认证：根据青少年保护法的规定，有些产品（香烟、酒精、视频、网络游戏等）需要年龄认证，eID 可以提供这个功能。

第三节 德国政府推进 eID 建设的做法

作为建设网络可信身份体系的一项重要措施，德国 eID 的目的是将身份证的传统用途延伸到虚拟世界中，提高一个国家的所有利益相关方的竞争力。德国在政府现代化及 eID 等问题的推行上有丰富经验，在很多方面具有参考价值。

一、国家重视 eID 的推进，营造良好发展环境

德国联邦政府大力推进电子政务计划，积极推动 eID 的开发和应用工作，修订了一系列法律，制定了严格的安全标准，安排专项资金推动安全标准体系建设；作为德国的主要 IT 政策规划部门，IT 规划委员会主导召开了一系列以 eID 的发展为议题的研讨会，制定发展策略，鼓励开发应用平台，支持基础建设项目；此外，在 eID 政策的规划和决策过程中，国家非常注重培养公民和企业的参与积极性，政策的影响对民众保持透明，由此增加民众对 eID 应用的信心。这些措施都为 eID 的发展营造了良好的环境。

二、政府率先应用，带动 eID 产业发展

德国联邦政府充分考虑了本国社会、政治、文化等因素，在 eID 使用的推动上，采取由政府率先在对公服务中引入 eID 应用的发展策略。德国电子政务法规定自 2015 年 1 月起，所有政府机构必须接受 eID 在线身份认证；政府为公民和企业提供电子支付方式、电子文件访问、电子文件管理和在线信息服务等，都以 eID 身份认证为前提，为公民和企业的在线业务办理提供便捷高效的服务途径。政府通过这些举措培育了 eID 市场环境，带动了 eID 的产业发展。

三、政府加大科研资金投入，确保技术的先进性

德国投入了大量资金支持 eID 的技术开发及其周边应用（电子医疗等）的研究。一种形式是由政府和企业共同出资，设定专项研究课题，由高校和企业研发部门共同合作对该课题进行研究，偏向于支持应用型课题，如在线认证服务交易规则，结合 eID 的电子健康、电子医疗项目等；另一种形式是由研究机构就某一课题向国家申请科研基金，偏向于支持科研型课题，如数据安全传输、隐私保护等课题。对不同形式课题的资金支持，确保了德国 eID 技术上的领先优势，也显示了德国推行 eID 应用的决心。

四、强化标准建设，实现个人信息有效保护

德国制定了严格的安全标准，旨在有效保障个人信息安全。其中，数据最小化原则保证只有服务确实需要的数据才会被发送，如有些服务只需要最小年龄限制（不需要生日），或是居住城市（不需要完整地址），芯片只确定年龄和居住地，传输"是"或"否"，而不发送任何数据；数据加密原则保证所有的数据都以加密（终端到终端加密）的形式从身份证卡处发送到服务商处；匿名存在原则允许用户在特定服务下只提供一个匿名。这些原则有助于用户自己决定是否提供，以及向谁提供怎样的数据，最大限度地保护了个人隐私。德国 eID 作为国家认证可信身份的手段，在推行数年（2010—2016 年）后初见成效，尤其在政府公共服务的应用方面。这跟政府重视、产业带动、资金支持、标准建设息息相关。

我国正处在建设网络可信身份体系的调研阶段，应该对其经验进行借鉴，结合我国国情，建设更加完善的体系，使网络可信身份在我国的推行更加顺利。

第八章

国外网络可信身份服务业
发展的经验和启示

一、注重顶层设计

一是制定国家层面网络可信身份服务业相关战略。网络身份管理应当注重整体统筹和顶层设计，从全局和整体出发，对网络身份管理的不同层次、各个要素统筹规划，注重研究标准化机制，提升不同领域的互操作性。例如，美国网络空间可信身份战略，明确了指导原则、目标、各相关机构的职责，描述了网络可信身份生态的构成，提出了战略思路和任务；德国联邦政府为推动 eID 的实施，研究制定了 eID 联合发展战略，明确了具体发展目标、重点工作和实施路线，并建立了包含内政部、信息安全办公室、授权证书发放处等部门在内的协调机制，推进战略实施。

二是完善网络可信服务业相关法律法规。法律法规的完善对于规范网络可信身份服务业发展尤为重要，是遏制电子政务和电子商务等领域出现身份欺诈和盗窃的关键。例如，欧盟积极推进 eID 计划，以促进电子政务、电子商务的发展，并通过一系列法律确定其地位，制定了《欧盟关于建立电子签名共同法律框架的指令》《电子商务指令》[①]《隐私保护和电子通信指令》等。

---

① 《2000 年 6 月 8 日欧洲议会及欧盟理事会关于共同体内部市场的信息社会服务，尤其是电子商务的若干法律方面的第 2000/31/EC 号指令》，本书简称《电子商务指令》。

二、加快技术研发

推进网络可信身份服务相关技术不断发展才能保证网络可信身份认证的便捷性和安全性，在此过程中往往需要投入大量的研发资金。例如，美国一直牢牢抓住 PKI 体系密码算法的研制和升级，无论是 DES、RSA、SHA 还是 ECC 算法，都处于世界领先地位。欧盟则不断加强 eID 配套技术研发和产品落地，如推动 BioPass 芯片卡研究、搭建敏感数据信息交换和共享平台、研发用于移动设备的 eID 客户端等。

三、完善标准体系

推行网络可信身份服务业需将标准规范及体系建设作为重要任务，是实现网络可信身份认证互联互通的必要条件。例如，欧盟通过建立统一的、高质量的标准来推动欧盟范围内电子签名和 eID 的应用，并不断更新标准，以适应技术和应用发展的需要，从最初围绕电子签名技术和策略，不断向支持和应用电子签名的可信应用服务、增强电子签名的互操作性等方向转变，赢得了欧盟各成员国的支持。

四、加强推广应用

外国政府投入大量资金开展网络身份管理应用试点项目，目的是培养对网络可信身份的应用意识，带动市场发展。美国通过应用试点方式推广网络可信身份应用，民间机构、大学、研究院、科技公司、医院、保险公司等均参与了项目试点。德国联邦政府充分考虑了本国社会、政治、文化等因素，在 eID 使用的推动上，采取由政府率先在对公服务中引入 eID 应用的发展策略，要求所有政府机构必须接受在线电子身份认证，明确政府为公民和企业提供电子支付方式、电子文件访问、电子文件管理和在线信息服务等，应当以 eID 身份认证为前提，为公民和企业的在线业务办理提供便捷高效的服务途径。

五、强化隐私保护

推进网络可信身份服务业发展需始终以用户为中心，加强个人隐私保护。网络可信身份认证系统包含数据采集、公钥基础设施、IT 网络系统等内容，涉及公民个人隐私数据和政府敏感信息，将成为提供社会公共服务和支撑的关键基础设施，加之网络平台的综合性，网络可信身份认证系统安全保障问题至关重要。美国在《网络空间可信身份国家战略》中将个人隐私保护提升到极高的地位，并随后修改了《隐私法案》《网上隐私保护法案》《防止身份盗用法案》多项相关法律。欧盟制定 eID 相关访问控制协议，如扩展访问控制确保在卡和读卡器之间建立加密的安全通道等，以防止个人信息泄露。我国应借鉴上述经验，采用严格的安全技术标准，出台相关的法律法规和标准规范，对用户隐私信息收集、使用及泄露应当承担的法律责任等内容予以明确和规范，以确保网络可信身份建设的顺利进行。2018 年欧盟《通用数据保护条例》的实施更是把隐私保护推向前所未有的高度。比利时关于建立和组织社会保障网络银行的法律规定：严格规范社会安全组织之间的数据信息交流，只有经法律或社会保障部门委员会或比利时隐私专员公署委员会授权才可进行数据信息交流，并通过联邦商业风险管理政策（Federal Business Risk Management Policy）和一般资讯安全政策（General Information Security Policy）确保电子身份信息管理的安全性。

技术和标准篇

第九章

我国网络可信身份服务技术发展现状

身份认证机制是当前各种信息系统和计算机网络系统普遍采用的一种基本安全防护机制。主流操作系统（如 Windows、Unix、Linux）、应用系统（如 Web 服务器、邮件系统、数据库）、安全产品（如防火墙、路由器）等都具有身份认证机制，可以说，凡是有网络的地方都有身份认证机制存在。

身份认证的关键技术经历了三代的发展，第一代以静态密码技术和动态密码技术为代表，典型应用方式为账号＋口令、手机动态验证码；第二代以 PKI 技术为代表，典型应用方式为非对称密码算法、杂凑算法、证书载体形式等；第三代以生物识别、大数据行为分析、量子加密等技术为代表，这些新技术在移动互联网应用高速发展的背景下诞生。三代身份认证技术的基本原理、应用成本和适用范围各有不同，以下从技术发展角度分别进行梳理。

第一节 第一代身份认证技术

第一代身份认证技术以静态密码技术和动态密码技术为代表，在 20 世纪 60 年代左右出现并在计算机上应用，如今相关技术已经十分成熟，虽然存在种种缺陷，但仍未被完全淘汰。

一、静态密码技术

静态密码技术的典型身份认证应用是"账号 + 口令"。用户输入账号和口令后，服务器查询口令数据库进行匹配，匹配通过即完成核验。该方式历史最为悠久、使用极为简单、成本极其低廉、应用极其广泛。但随着计算机运算能力的不断增强，静态密码抗暴力攻击的能力越来越差，密码位数由早期的 4 位逐渐升级到 6 位、8 位、16 位、18 位，由简单数字组合逐渐升级为数字 + 字母（不区分大小写）组合、数字 + 字母（区分大小写）组合、数字 + 字母（区分大小写）+ 特殊字符组合。虽然密码长度和强度不断升级，但静态密码技术先天存在易被字典攻击、易被监听偷录等缺陷，在低安全等级应用中可以作为一种主要身份认证技术，但在高安全等级应用中只能作为一种辅助手段。

二、动态密码技术

鉴于静态口令的种种缺陷，安全专家提出采用动态密码来进行身份认证。根据动态密码中采用的"动态因子"不同，该技术可分为两大类：同步认证技术和异步认证技术。同步认证技术主要包括基于时间的同步认证技术；异步认证技术主要包括挑战 – 响应认证技术（事件响应）。

1. 同步认证技术

基于时间的同步认证技术通常应用于动态口令令牌等硬件设备，该类硬件往往包含密码芯片、电源和显示屏等元件，其中最重要的部分是密码芯片，其上内置高强度密码算法，将使用时间或使用次数作为输入参数生成动态口令，输出到令牌显示屏上。与此同时，同步认证服务器基于与令牌相同的密码算法，结合时间等输入参数，计算得到与令牌一致的动态口令。在使用时，用户只需将令牌生成的动态口令输入计算机中，服务器即可完成对用户身份的认证。由于动态口令是由令牌生成的，而只有可信用户才拥有令牌的使用权限，因此认证通过的用户就可以认为是可靠的。动态口令令牌的安全性来自密码算法和时间参数，其使用原理使每次用于认证的口令是不同的，即使某个口令被第三方恶意截获，用户的身份也无法被仿冒。

同步认证技术最早取得突破是在 20 世纪 80 年代，美国著名加密算法研究实验室 RSA 研制成功了基于时间同步的动态密码认证系统 RSA SecurID。该系统采用时间同步方式，同一时间令牌认证服务器的认证系统每 60 秒变换一次动态口令，口令一次有效，它产生 6 位动态数字进行一次一密的认证。国内中国银行、工商银行早期曾发行过一种动态密码口令牌，就是基于时间同步原理进行认证的。

2. 异步认证技术

同步认证技术采用一次一密的方式，有效地保证了用户身份的安全性，但是由于同步认证技术对时间敏感，对硬件和操作要求较高，导致其应用场景存在一定的局限性。与此同时，异步认证技术后来居上，迎来了快速发展的时期。异步认证技术是一种挑战 – 响应认证技术，以手机动态验证码为例，用户在登录时点击"发送手机验证码"，服务器以当前时间或者事件序号作为动态因子计算出验证码并发送至指定手机号，用户收到后将验证码输入，系统完成核验后授权用户登录。整个认证流程中，验证码一般 5 ～ 30 分钟有效，用户在规定时间内输入就可以。此外，国内工商银行早期发行过一种纸质动态密码卡，用户登录网银时，网银生成二维坐标，用户需刮开密码卡对应区域输入相应密码，此方式也是异步认证技术。

手机动态验证码认证主要有以下优点：一是安全性强，由于手机与客户绑定比较紧密，短信验证码生成与使用场景是物理隔绝的，因此验证码在通路上被截取的概率已被降至最低；二是普及性高，用户只需接收短信即可使用，大大降低短信验证码技术的使用门槛，学习成本几乎为零，所以在市场接受度上不会存在阻力；三是易收费，移动互联网用户天然养成了付费的习惯，这和 PC 时代互联网是截然不同的理念，而且收费通道非常发达，如果是网银、第三方支付、电子商务可将短信验证码作为一项增值业务，每月通过 SP（服务商）收费不会有阻力，因此也可增加收益；四是易维护，由于短信网关技术非常成熟，大大降低短信验证码系统上线的复杂度和风险，短信验证码业务后期客服成本低，稳定的系统在提升安全的同时也可以营造良好的口碑效应，这也是银行大量采用这项技术的重要原因。随着移动互联网时代的到来，动态口令牌、动态口令卡由于携带不便，已经逐渐被手机动态验证码所取代，"账号 + 手机验证码"已经成为当前最重要的身份认证方式之一。

第二节　第二代身份认证技术

第二代身份认证技术以 PKI 技术为代表，相关概念于 20 世纪 80 年代提出，其安全性远高于第一代身份认证技术。近十几年来，各国投入巨资实施 PKI 的建设和研究，PKI 理论研究和应用在非对称密码算法、杂凑算法、证书载体形式等方面取得了巨大进展。

一、非对称密码算法

该算法中用户有两个密钥，一个公开密钥，一个私有密钥，从公开密钥推导私有密钥极其困难。非对称密码算法完美解决了对称密码算法的密钥管理分发难题，在 PKI 架构和数字签名中具有重要应用，但运算效率较低。美国在 1978 年首次提出基于大整数素因子分解的 RSA 算法，1985 又提出了基于离散对数问题的 ELGamal 算法，其中 RSA 算法应用较为广泛。RSA 算法的强度与其算法密钥长度有关，安全强度最高的版本为 RSA4096，相对安全强度较低的 RSA1024 已经在 2012 年被美国密码学家攻破。由于过长的 RSA 密钥会导致运算效率大大下降，美国 NIST 和欧洲 NESSIE 的专家又提出了椭圆曲线和超椭圆曲线密码 ECC，该算法只需 282bit 的密钥长度即可实现 RSA4096 的加密强度，运算效率大大提高，是非对称密码技术研究的热点。我国正在大力推广国产 SM2 椭圆密码算法在关系国计民生的重要应用系统中的应用。

二、杂凑算法

杂凑算法又名哈希算法、摘要算法，它能够将任意长度的消息压缩成固定长度的摘要，赋予每个消息唯一的"数字指纹"。其专门解决信息的非法篡改问题，是 PKI 中数字签名和数据完整性保护的基础，研究进展迅速。杂凑算法与对称、非对称加密算法的区别是，后两种算法用于防止信息被窃取，而杂凑算法用于证明原文的完整性，也就是说，用于防止信息被篡改。杂凑算法的典型代表是美国 NIST 发布的 SHA 系列，1995 年 SHA-1 正式发布，经过二十余年的发展 SHA-1 算法逐渐成为互联网最基础的数字签名算法。由于 SHA 家族算法本身的问题，其存在被"碰撞"破解的可能性，SHA 算法被攻破的时间仅依赖于所使用的计算能力，所以欧美密码学家不断调整改进 SHA 算法，在 SHA-1 之后又推出 SHA-224、SHA-256、SHA-384 和 SHA-512。2017 年 2 月 23 日，谷歌联合荷兰 CWI 机构给出了 SHA-1 碰撞实例，攻破了 SHA-1 算法。我国正在推进国产 SM3 杂凑密码算法对 SHA 系列算法的替代升级工作。

三、证书载体形式

证书应用是 PKI 的一种外在表现形式，近年来随着应用环境的变化，证书载体形式日趋丰富。主流的证书载体分为文件证书、硬件介质数字证书和移动数字证书三大类。其中，文件证书产生和应用最早，但安全性低，无法应对基于内存分析以恢复和调用用户密钥为目的的攻击，只有少数电商系统和政务系统还在使用，以下主要介绍硬件介质数字证书和移动数字证书。

1. 硬件介质证书

为解决文件证书安全性低的问题，硬件介质数字证书逐渐兴起，其用户私钥不可导出，具有高安全性和高可靠性的特点，应用最为广泛，如各类 USB Key、蓝牙 Key、音频 Key、IC 卡、eID 卡等。下面以 USB Key 为例对硬件介质证书的使用方法进行说明。

顾名思义，USB Key 是一类应用于 USB 接口的专用硬件，内部的核心元件为单片机或智能卡芯片，通常内置用户的加密密钥和认证证书，结合专用密码算法对使用者的身份进行认证。将证书保存在 USB Key 上有利于保证证书的安全性，同时也可以方便用户的使用。USB Key 使用了软硬件结合的一次一密双因子认证技术，能够兼具安全性与便捷性，在网上银行、电子政务等领域得到了广泛的应用。

2. 移动数字证书

随着移动互联网的快速发展，基于移动数字证书（手机盾）的电子签名技术于 2014 年年初出现，主要应用于移动端的电子签名。基于密钥分割和协作签名技术，移动数字证书利用软件方式实现了安全等级较高的电子签名功能，弥补了文件证书安全性低、硬件介质证书（蓝牙 Key、音频 Key 等）便携性差的问题，同时也可以通过"扫码签名"等方式兼顾 PC 端电子签名应用场景。

第三节　第三代身份认证技术

第三代身份认证技术在 21 世纪初移动互联网高速发展的背景下兴起，主要包括人体生物特征识别技术、轻量级身份认证协议、第三方互联网账号授权技术、用户行为分析技术、量子加密技术、轻量级加密算法和数据的组织记录形式等。这些技术多针对以智能手机 APP 应用为代表的轻量级应用场景，发展十分迅速，展现出勃勃生机。

一、人体生物特征识别技术

在当前的研究与应用领域中，生物特征识别主要关系到计算机视觉、图像处理与模式识别、计算机听觉、语音处理、多传感器技术、虚拟现实、计算机图形学、可视化技术、计算机辅助设计、智能机器人感知系统等其他相关的研究，虽然生物识别技术早在 20 世纪 60 年代开始研究，但直到近十几年才被广泛应用。已被用于生物识别的生物特征有手形、指纹、面部、虹膜、视网膜、脉搏、耳郭等，行为特征有签字、声音、按键力度等。在技术研究方面，当前研究热点已经由单一生物特征转向多生物特征融合。国际上，国际标准化组织（ISO）和国际电工委员会（IEC）已经联合公布了《信息技术－生物特征－多模态和其他多生物特征融合标准》（ISO/IECTR24722:2007），该标准不但包含了对多模态和多生物特征融合做法的描述和分析，它还研讨了需求、可能的路径和标准化来支持多生物特征识别系统，以提高其通用性和实用性。国内，由清华大学丁晓青教授组织研制的 TH-ID 系统多模式生物特征（人脸、笔迹、签字、虹膜）身份认证识别系统已通过教育部组织的专家鉴定。该系统能够实现在复杂背景下的图像和视频人脸自动检测、识别和认证，在人脸、笔迹、签字、虹膜的识别认证技术上取得了重要进展，达到国际领先水平。

在商业应用推广方面，较为成熟的有指纹识别技术和面部识别技术等，下面分别进行介绍。

1. 指纹识别技术

指纹识别技术是当前使用最为广泛的一种人体生物特征识别技术，其主要原理是首先收集指纹样本并搭建用户指纹数据库，然后将目标用户的指纹与数据库中的指纹样本进行比较，确认目标用户身份。指纹识别使用方便，样本容易获取，硬件成本低，对许多应用来说，基于指纹的生物识别系统的成本是可以承受的。

在指纹识别技术方面，北大高科公司等对指纹识别技术的研究开发处于国际先进水平，已推出多款产品；汉王科技公司在一对多指纹识别算法研究上取得重大进展，其算法可达到的性能指标中拒识率小于 0.1%，误识率小于 0.0001%，处于国际先进水平；2014 年苹果公司在 iPhone 5s 上首次集成 Touch ID 指纹识别组件，识别精度超过同类产品。

2. 面部识别技术

面部识别是基于人的面部特征信息进行身份识别的一种生物识别技术。与指纹识别类似，其主要工作原理也是将采集到的面部图像与数据库中的面部图像样本进行比较，进而实现确认用户身份的目的。与指纹识别相比，面部识别在使用上更为便捷，但存在识别率不稳定的问题，识别到面部图像与数据库中的面部图像样本存在差异，如剃胡须、换发型、戴眼镜、变表情等都有可能引起识别失败。

在面部识别技术方面，2017 年苹果公司在 iPhone X 上首次集成商用化 Face ID 面部识别组件，搭载环境光传感器、距离感应器，还集成了红外镜头、泛光感应元件（Flood Camera）和点阵投影器，多种配置共同搭建用户 3D 脸部模型。

二、轻量级身份认证协议（FIDO）

FIDO 线上快速身份认证标准（简称"FIDO 标准"）是由 FIDO 联盟（Fast Identity Online Alliance）提出的一个开放的标准协议，旨在提供一个高安全性、跨平台兼容性、极佳用户体验与用户隐私保护的在线身份认证技术架构。FIDO 联盟于 2012 年 7 月成立，并于 2015 年推出并完善了 1.0 版本身份认证协议，提出了 U2F 与 UAF 两种用户在线身份认证协议。其中 U2F 协议兼容现有密码认证体系，在用户进行高安全属性的在线操作时，需提供一个符合 U2F 协议的认证设备作为第二身份认证因素，即可保证交易足够安全。而 UAF 协议则充分地吸收了移动智能设备所具有的新技术，更加符合移动用户的使用习惯。在需要认证身份时，智能设备利用生物识别技术（如指纹识别、面部识别、虹膜识别等）取得用户授权，然后通过非对称密码技术生成加密的认证数据供后台服务器进行用户身份认证操作。整个过程可完全不需要用户输入口令，便利性大大提升。根据 UAF 协议，用户所有的个人生物数据与私有密钥都只存储在用户设备中，无须经网络传送到网站服务器，而服务器只须存有用户的公钥即可完成用户身份认证。这样就大大降低了用户认证信息暴露的风险，即使网站服务器被黑客攻击，他们也得不到用户认证信息。这也消除了传统密码数据泄露后的连锁式反应。

谷歌公司已经开发出支持 U2F 身份认证的 Security Key，该装置配合 Chrome 浏览器实现网站身份的自动鉴别，当用户登录的网站通过认证时，用户无须输入密码，只须根据浏览器提示按下确认即可，若网站未通过认证，则该装置不会运行；联想旗下国民认证科技有限公司推出的基于 FIDO 框架的 UAP 统一身份认证平台，整合指纹识别和虹膜识别等功能，为中国银行、民生银行、京东钱包等提供身份认证服务；科技公司 Egistec 推出的基于 FIDO 框架的 Yukey 认证器可以让用户通过指纹识别器及生物数据识别腕带进行联合身认证；三星公司也在积极研发推出基于 FIDO 的身份认证解决方案，其安全身份认证框架和指纹读取器均通过了 FIDO 认证；微软公司在 Windows10 中全面支持 FIDO 2.0 版本标准，支持此标准的设备可以具有丰富的第三方生物识别功能，如指纹识别、人脸识别、虹膜识别等，大大提升系统安全性和易用性。

在实际应用中，FIDO 技术和生物识别功能结合较为紧密，主流千元级智能手机一般都搭载生物识别模块（指纹识别和摄像头），随着智能手机处理器运算能力和生物识别模块识别精度的进一步提高，FIDO 技术的应用将更加广泛。

三、第三方互联网账号授权技术

该认证方式使用用户在登录当前网站或 APP 时无须注册，使用第三方互联网账号（如 QQ、微信、支付宝、新浪微博等）进行授权登录，免去账号注册过程并完成身份认证。OAuth、OpenID、SAML 等规范及协议已成为该认证方式的标准。当前大多数电子商务、社交网站等都已经逐渐接受该认证模式，互联网认证登录普遍存在。在该模式下网站及相关应用不需要对用户身份进行管理，用户身份管理及认证由第三方平台进行。

四、用户行为分析技术

该技术在 2012 年之后开始应用，主要应用于电商领域，其基本思想是：一个固定用户的购物行为总是遵循一定的习惯，在购物站点上则表现为操作中存在的规律性。身份认证正是通过对用户的消费习惯、浏览习惯甚至在购物站点的操作习惯来判断用户是否为窃取者。该技术要求系统数据库跟踪记录每个用户的历史行为，并按照一定的算法从中抽取规律，建立用户行为模型，当用户突然改变行为习惯时，这种异常就会被检测出来。因此，该技术也可以归为网络入侵检测中的审计统计模型。基于审计信息的攻击检测方法是在证据模型和跟踪用户行为的基础上建立起来的。由审计系统实时检测用户对系统的使用情况，根据系统内部保存的用户行为概率统计模型进行检测。当发现有可疑的行为发生时，保持跟踪并监测、记录该用户的行为。系统要求根据每个用户的历史行为，生成每个用户的历史行为记录库，当用户改变行为习惯时，这种异常就会被检测出来。

国外已有多个用户行为分析产品商业化，如美国 Heap、Trak 公司的产品可以实时记录用户全程操作行为，一旦发现异常可以自动进行邮件提醒；Mouseflow 公司的产品可以通过记录用户鼠标历史轨迹进而对用户操作进行分析。国内阿里巴巴和腾讯通过淘宝、天猫、QQ、微信等应用积累了大量用户行为数据，并提取了上万个行为维度，通过建立自学习的风险控制引擎（Risk Engine）实现对用户异常行为（可疑登录、转账）的质疑和阻止。

五、数据的组织记录形式（区块链）

近年来，国内外对去中心化和分布式数据库的研究如火如荼，其代表就是区块链技术。其去中心化、开放性、自治性、不可篡改性和匿名性决定了其未来会对金融和经济带来巨大的影响。而区块链的典型应用之一就是在线身份认证，相比于传统中心化的 PKI 电子认证方式，有如下优势：一是身份信息更难篡改。每个人一出生便会形成自己的数字身份信息，同时得到一个公钥和一个私钥，利用时间戳技术形成区块链，在共识机制的保证下，篡改数据极为困难。二是系统信息分布式存放，系统上的所有节点均可下载存放最新、最全的身份认证信息。人们不必再随时携带自己的身份证，只需要通过公钥证明"我是我"，通过私钥自由管理自己的身份信息。三是激励机制的存在促使用户积极维护整个区块链，保证系统长期良性运作，系统稳定性更高、维护成本更低。

近年来，已经有部分区块链身份认证和电子存证产品面世。例如，2017年，区块链企业 ShoCard 与航空服务商 SITA 合作开发了 SITA Digital Traveler Identity App 的身份认证应用。该应用融合了基于区块链的数据和面部识别技术，致力于简化航空公司乘客身份认证流程，以及实现机场实时数据流。微软宣布和 Blockstack Labs、ConsenSys 合作，推出基于区块链技术的身份识别系统，实现人、产品、应用和服务的深度交互。IBM 与法国国民互助信贷银行合作完成了一个基于区块链技术的身份认证系统，该系统采用超级账本（Hyperledger）区块链框架引导客户向第三方（如本地公共部门或零售商）提供身份证明。国内在线合同签署企业法大大联合阿里云邮箱推出了基于区块链技术的邮箱存证产品，众签科技与中证司法鉴定中心合作推出了"存证云"司法鉴定平台，北京合链共赢科技开发的文档存证系统等都运用区块链技术对用户身份和文件进行鉴别和防伪。

第十章

我国网络可信身份服务业标准规范发展情况

据赛迪智库统计，截至 2018 年 12 月，我国共出台了网络可信身份服务业相关标准 257 项，包括基础设施类标准、技术类标准、管理类标准和应用类标准。完善的标准体系为网络可信身份生态建设提供了有力支撑。

第一节　基础设施类

构建网络可信身份生态环境，涉及相关基础设施建设。主要实施标准包括土建类（机房选址、建设、装修、安保、防火防水）和基本网络配置、维护及通用测评类（物理设备保护、网络架构、配置、维护、安全平台、通用评测）。据赛迪智库统计，截至 2018 年 12 月，土建类标准 9 项，基本网络配置、维护及通用评测类标准 52 项，合计 61 项。具体标准如表 10-1 和表 10-2 所示。

表 10-1　土建类标准

序　号	标　准　号	标准名称
1	GB 6650—1986	计算机机房用活动地板技术条件
2	GB 9361—1988	计算站场地安全要求
3	GB 2887—1989	计算站场地技术条件
4	GB 50174—1993	电子计算机机房设计规范
5	GB 50045—1995	高层民用建筑设计防火规范

续表

序　号	标 准 号	标 准 名 称
6	GB 50174—2008	电子信息系统机房设计规范
7	GB 50057—2010	建筑物防雷设计规范
8	GB/T 9361—2011	计算机场地安全
9	GB 50343—2012	建筑物电子信息系统防雷技术规范

数据来源：赛迪智库网络安全研究所。

表 10-2　基本网络配置、维护及通用测评类标准

序　号	标 准 号	标 准 名 称
1	GB/T 5271.8—2001	信息技术 词汇 第 8 部分：安全
2	GB/T 20008—2005	信息安全技术 操作系统安全评估准则
3	GB/T 20009—2005	信息安全技术 数据库管理系统安全评估准则
4	GB/T 20010—2005	信息安全技术 包过滤防火墙安全评估准则
5	GB/T 20011—2005	信息安全技术 路由器安全评估准则
6	GB/T 20237—2006	信息安全技术 数据库管理系统安全技术要求
7	GB/T 20270—2006	信息安全技术 网络基础安全技术要求
8	GB/T 20271—2006	信息安全技术 信息系统通用安全技术要求
9	GB/T 20272—2006	信息安全技术 操作系统安全技术要求
10	GB/T 20274.1—2006	信息安全技术 信息系统安全保障评估框架 第 1 部分：简介和一般模型
11	GB/T 20275—2006	信息安全技术 入侵检测系统技术要求和测试评价方法
12	GB/T 20278—2006	信息安全技术 网络脆弱性扫描产品技术要求
13	GB/T 20280—2006	信息安全技术 网络脆弱性扫描产品测试评价方法
14	GB/Z 20283—2006	信息安全技术 保护轮廓和安全目标的产生指南
15	GB/T 18018—2007	信息安全技术 路由器安全技术要求
16	GB/T 20945—2007	信息安全技术 信息系统安全审计产品技术要求和测试评价方法
17	GB/T 20984—2007	信息安全技术 信息安全风险评估规范
18	GB/T 20988—2007	信息安全技术 信息系统灾难恢复规范
19	GB/T 21028—2007	信息安全技术 服务器安全技术要求
20	GB/T 21050—2007	信息安全技术 网络交换机安全技术要求
21	GB/T 21052—2007	信息安全技术 信息系统物理安全技术要求
22	GB/T 18336.1—2008	信息技术 安全技术 信息技术安全性评估准则 第 1 部分：简介和一般模型

续表

序　号	标　准　号	标　准　名　称
23	GB/T 18336.2—2008	信息技术 安全技术 信息技术安全性评估准则 第2部分：安全功能要求
24	GB/T 18336.3—2008	信息技术 安全技术 信息技术安全性评估准则 第3部分：安全保证要求
25	GB/Z 24364—2009	信息安全技术 信息安全风险管理指南
26	GB/T 24363—2009	信息安全技术 信息安全应急响应计划规范
27	GB/T 25063—2010	信息安全技术 服务器安全测评要求
28	GB/T 25066—2010	信息安全技术 信息安全产品类别与代码
29	GB/T 25068.3—2010	信息技术 安全技术 IT网络安全 第3部分：使用安全网关的网间通信安全保护
30	GB/T 25068.4—2010	信息技术 安全技术 IT网络安全 第4部分：远程接入的安全保护
31	GB/T 25068.5—2010	信息技术 安全技术 IT网络安全 第5部分：使用虚拟专用网的跨网通信安全保护
32	GB/T 25069—2010	信息安全技术 术语
33	GB/T 28451—2012	信息安全技术 网络型入侵防御产品技术要求和测试评价方法
34	GB/T 28452—2012	信息安全技术 应用软件系统通用安全技术要求
35	GB/T 28454—2012	信息技术 安全技术 入侵检测系统的选择、部署和操作
36	GB/T 28458—2012	信息安全技术 安全漏洞标识与描述规范
37	GB/T 29240—2012	信息安全技术 终端计算机通用安全技术要求与测试评价方法
38	GB/T 29765—2013	信息安全技术 数据备份与恢复产品技术要求与测试评价方法
39	GB/T 29766—2013	信息安全技术 网站数据恢复产品技术要求与测试评价方法
40	GB/T 18336.1—2015	信息技术 安全技术 信息技术安全评估准则 第1部分：简介和一般模型
41	GB/T 18336.2—2015	信息技术 安全技术 信息技术安全评估准则 第2部分：安全功能组件
42	GB/T 18336.3—2015	信息技术 安全技术 信息技术安全评估准则 第3部分：安全保障组件
43	GB/T 20277—2015	信息安全技术 网络和终端隔离产品测试评价方法
44	GB/T 20279—2015	信息安全技术 网络和终端隔离产品安全技术要求
45	GB/T 20281—2015	信息安全技术 防火墙安全技术要求和测试评价方法
46	GB/T 31499—2015	信息安全技术 统一威胁管理产品技术要求和测试评价方法
47	GB/T 31500—2015	信息安全技术 存储介质数据恢复服务要求

续表

序　号	标　准　号	标　准　名　称
48	GB/T 31505—2015	信息安全技术 主机型防火墙安全技术要求和测试评价方法
49	GB/T 31509—2015	信息安全技术 信息安全风险评估实施指南
50	GB/T 33132—2016	信息安全技术 信息安全风险处理实施指南
51	GB/T 36635—2018	信息安全技术 网络安全监测基本要求与实施指南
52	GB/T 36627—2018	信息安全技术 网络安全等级保护测试评估技术指南

数据来源：赛迪智库网络安全研究所。

第二节　技术类

网络可信身份认证技术的核心是密码技术和身份鉴别技术。其中，密码技术类标准规范主要包括国产密码算法、密码模块产品技术测试要求、PKI 系列标准（数字签名、证书格式及编码、载体要求）三大部分（全国信息安全标准化技术委员会鉴别与授权（WG4）工作组 TC260 主要负责）；身份鉴别类标准规范主要涉及生物特征识别技术及相关产品、OpenID/OAuth 第三方授权技术两类（全国安全防范报警系统标准化技术委员会 SAC/TC100 主要负责）。据赛迪智库统计，截至 2018 年 12 月，技术类标准共发布 118 项。具体如下：国产密码算法相关标准 30 项，其中，密码行业标准（GM）19 项，国家标准（GB）11 项；密码模块产品技术测试标准 13 项，其中，密码行业标准（GM）9 项，电子行业标准（SJ）1 项，国家标准（GB）3 项；PKI 系列标准 49 项，其中，密码行业标准（GM）6 项，国家标准（GB）43 项；生物识别类标准 26 项；第三方授权类标准 1 项，为通信行业标准（YD）。具体标准如表 10-3 ～表 10-7 所示。

表 10-3　国产密码算法相关标准

序　号	标　准　编　号	标　准　名　称
1	GB/T 18238.1—2000	信息技术 安全技术 散列函数 第 1 部分：概述
2	GB/T 18238.2—2002	信息技术 安全技术 散列函数 第 2 部分：采用 n 位块密码的散列函数
3	GB/T 18238.3—2002	信息技术 安全技术 散列函数 第 3 部分：专用散列函数
4	GB/T 15843.5—2005	信息技术 安全技术 实体鉴别 第 5 部分：使用零知识技术的机制
5	GB/T 15852.1—2008	信息技术 安全技术 消息鉴别码 第 1 部分：采用分组密码的机制

续表

序　号	标 准 编 号	标 准 名 称
6	GB/T 17710—2008	信息技术 安全技术 校验字符系统
7	GB/T 17903.2—2008	信息技术 安全技术 抗抵赖 第2部分：采用对称技术的机制
8	GB/T 17964—2008	信息安全技术 分组密码算法的工作模式
9	GB/T 15852.2—2012	信息技术 安全技术 消息鉴别码 第2部分：采用专用杂凑函数的机制
10	GM/T 0001.1—2012	祖冲之序列密码算法 第1部分：算法描述
11	GM/T 0001.2—2012	祖冲之序列密码算法 第2部分：基于祖冲之算法的机密性算法
12	GM/T 0001.3—2012	祖冲之序列密码算法 第3部分：基于祖冲之算法的完整性算法
13	GM/T 0002—2012	SM4 分组密码算法
14	GM/T 0003.1—2012	SM2 椭圆曲线公钥密码算法 第1部分：总则
15	GM/T 0003.2—2012	SM2 椭圆曲线公钥密码算法 第2部分：数字签名算法
16	GM/T 0003.3—2012	SM2 椭圆曲线公钥密码算法 第3部分：密钥交换协议
17	GM/T 0003.4—2012	SM2 椭圆曲线公钥密码算法 第4部分：公钥加密算法
18	GM/T 0003.5—2012	SM2 椭圆曲线公钥密码算法 第5部分：参数定义
19	GM/T 0004—2012	SM3 密码杂凑算法
20	GM/T 0006—2012	密码应用标识规范
21	GM/T 0009—2012	SM2 密码算法使用规范
22	GM/T 0010—2012	SM2 密码算法 加密签名消息语法规范
23	GM/Z 0001—2013	密码术语
24	GM/T 0044.1—2016	SM9 标识密码算法 第1部分：总则
25	GM/T 0044.2—2016	SM9 标识密码算法 第2部分：数字签名算法
26	GM/T 0044.3—2016	SM9 标识密码算法 第3部分：密钥交换协议
27	GM/T 0044.4—2016	SM9 标识密码算法 第4部分：密钥封装机制和公钥加密算法
28	GM/T 0044.5—2016	SM9 标识密码算法 第5部分：参数定义
29	GB/T 36624—2018	信息技术 安全技术 可鉴别的加密机制
30	GB/T 36624—2018	信息技术 安全技术 可鉴别的加密机制

数据来源：赛迪智库网络安全研究所。

表 10-4　密码模块产品技术测试标准

序　号	标准编号	标准名称
1	SJ/T 11407.2—2009	数字接口内容保护系统技术规范 第 2 部分：数字证书测试规范
2	GB/T 29241—2012	信息安全技术 公钥基础设施 PKI 互操作性评估准则
3	GB/T 28456—2012	IPsec 协议应用测试规范
4	GB/T 28457—2012	SSL 协议应用测试规范
5	GM/T 0005—2012	随机性检测规范
6	GM/T 0008—2012	安全芯片密码检测准则
7	GM/T 0013—2012	可信计算 可信密码模块符合性检测规范
8	GM/T 0027—2014	智能密码钥匙技术规范
9	GM/T 0028—2014	密码模块安全技术要求
10	GM/T 0039—2014	密码模块安全检测要求
11	GM/T 0042—2015	三元对等密码安全协议测试规范
12	GM/T 0048—2016	智能密码钥匙密码检测规范
13	GM/T 0049—2016	密码键盘密码检测规范

数据来源：赛迪智库网络安全研究所。

表 10-5　PKI 系列标准

序　号	标　准　号	标准名称
1	GB 15851—1995	信息技术 安全技术 带消息恢复的数字签名方案
2	GB/T 17902.1—1999	信息技术 安全技术 带附录的数字签名 第 1 部分：概述
3	GB/T 16264.8—2005	信息技术 开放系统互连 第 8 部分：公钥和属性证书框架
4	GB/T 17902.2—2005	信息技术 安全技术 带附录的数字签名 第 2 部分：基于身份的机制
5	GB/T 17902.3—2005	信息技术 安全技术 带附录的数字签名 第 3 部分：基于证书的机制
6	GB/T 19713—2005	信息安全技术 公钥基础设施 在线证书状态协议
7	GB/T 19714—2005	信息安全技术 公钥基础设施 证书管理协议
8	GB/T 19771—2005	信息安全技术 公钥基础设施 PKI 组件最小互操作规范
9	GB/T 20519—2006	信息安全技术 公钥基础设施 特定权限管理中心技术规范
10	GB/T 20520—2006	信息安全技术 公钥基础设施 时间戳规范
11	GB/T 21053—2007	信息安全技术 公钥基础设施 PKI 系统安全等级保护技术要求
12	GB/T 15843.1—2008	信息技术 安全技术 实体鉴别 第 1 部分：概述
13	GB/T 15843.2—2008	信息技术 安全技术 实体鉴别 第 2 部分：采用对称加密算法的机制

序　号	标　准　号	标　准　名　称
14	GB/T 15843.4—2008	信息技术 安全技术 实体鉴别 第 4 部分：采用密码校验函数的机制
15	GB/T 17903.1—2008	信息技术 安全技术 抗抵赖 第 1 部分：概述
16	GB/T 17903.3—2008	信息技术 安全技术 抗抵赖 第 3 部分：采用非对称技术的机制
17	GB/T 25055—2010	信息安全技术 公钥基础设施 安全支撑平台技术框架
18	GB/T 25057—2010	信息安全技术 公钥基础设施 电子签名卡应用接口基本要求
19	GB/T 25059—2010	信息安全技术 公钥基础设施 简易在线证书状态协议
20	GB/T 25060—2010	信息安全技术 公钥基础设施 X.509 数字证书应用接口规范
21	GB/T 25061—2010	信息安全技术 公钥基础设施 XML 数字签名语法与处理规范
22	GB/T 25062—2010	信息安全技术 鉴别与授权基于角色的访问控制模型与管理规范
23	GB/T 25064—2010	信息安全技术 公钥基础设施 电子签名格式规范
24	GB/T 25065—2010	信息安全技术 公钥基础设施 签名生成应用程序的安全要求
25	GB/T 26855—2011	信息安全技术 公钥基础设施 证书策略与认证业务声明框架
26	GB/T 28455—2012	信息安全技术 引入可信第三方的实体鉴别及接入架构规范
27	GB/T 29242—2012	信息安全技术 鉴别与授权安全断言标记语言规范
28	GB/T 29243—2012	信息安全技术 数字证书代理认证路径构造和代理认证规范
29	GB/T 29767—2013	信息安全技术 公钥基础设施 桥CA 体系证书分级规范
30	GB/T 31501—2015	信息安全技术 鉴别与授权应用程序判定接口规范
31	GB/T 31504—2015	信息安全技术 鉴别与授权数字身份信息服务框架规范
32	GB/T 31508—2015	信息安全技术 公钥基础设施数字证书策略分类分级规范
33	GB/T 15843.3—2016	信息技术 安全技术 实体鉴别 第 3 部分：采用数字签名技术的机制
34	GM/T 0029—2014	签名验签名服务器技术规范
35	GM/T 0030—2014	服务器密码机技术规范
36	GM/T 0031—2014	安全电子签章密码技术规范
37	GM/T 0032—2014	基于角色的授权与访问控制技术规范
38	GM/T 0033—2014	时间戳接口规范
39	GM/T 0047—2016	安全电子签章密码检测规范
40	GB/T 20518—2018	信息安全技术 公钥基础设施 数字证书格式

续表

序　号	标　准　号	标　准　名　称
41	GB/T 25056—2018	信息安全技术 证书认证系统密码及其相关安全技术规范
42	GB/T 15843.6—2018	信息技术 安全技术 实体鉴别 第 6 部分：采用人工数据传递的机制
43	GB/T 34953.2—2018	信息技术 安全技术 匿名实体鉴别 第 2 部分：基于群组公钥签名的机制
44	GB/T 36644—2018	信息安全技术 数字签名应用安全证明获取方法
45	GB/T 36629.1—2018	信息安全技术 公民网络电子身份标识安全技术要求 第 1 部分：读写机具安全技术要求
46	GB/T 36629.2—2018	信息安全技术 公民网络电子身份标识安全技术要求 第 2 部分：载体安全技术要求
47	GB/T 36632—2018	信息安全技术 公民网络电子身份标识格式规范
48	GB/T 36633—2018	信息安全技术 网络用户身份鉴别技术指南
49	GB/T 36631—2018	信息安全技术 时间戳策略和时间戳业务操作规则

数据来源：赛迪智库网络安全研究所。

表 10-6　生物识别技术类标准

序　号	标　准　号	标　准　名　称
1	GB/T 20979—2007	信息安全技术 虹膜识别系统技术要求
2	GB/T 21706—2007	信息安全技术 虹膜识别产品测评标准
3	SJ/T 11380—2008	自动声纹识别（说话人识别）技术规范
4	GB/T 27912—2011	金融服务 生物特征识别 安全框架
5	GB/T 30268.1—2013	信息技术 生物特征识别应用程序接口（BioAPI）的符合性测试 第 1 部分：方法和规程
6	GA/T 418—2003	法庭科学 DNA 数据库建设规范
7	GA/T 144—1996	指纹专业名词术语
8	GA/T 145—1996	手印鉴定书的制作
9	GA 425.1—2003	指纹自动识别系统术语
10	GA 425.2—2003	指纹指位代码
11	GA 425.3—2003	指纹纹型分类及代码
12	GA 425.4—2003	指纹信息自动识别系统产品代码编制规则
13	GA 425.5—2003	十指指纹信息卡式样和填写规范
14	GA 425.6—2003	十指指纹文字数据项及格式
15	GA 425.7—2003	现场指纹信息卡式样和填写规范
16	GA 425.8—2003	现场指纹文字数据项及格式

续表

序　号	标　准　号	标　准　名　称
17	GA 425.9—2003	指纹图像数据转换的技术条件
18	GA 425.10—2003	指纹图像数据的压缩和恢复
19	GA 426—2003	指纹自动识别系统数据交换文件格式
20	GA 450—2003	台式居民身份证阅读器通用技术要求
21	GA 451—2003	居民身份证卡体技术规范
22	GA 456—2004	居民身份证视读个人信息排列格式
23	GA 457—2004	居民身份证元件层技术规范
24	GA 467—2004	居民身份证认证安全控制模块接口技术规范
25	GA 461—2004	居民身份证制证用数字相片
26	GB/T 36651—2018	信息安全技术　基于可信环境的生物特征识别身份鉴别协议框架

数据来源：赛迪智库网络安全研究所。

表 10-7　第三方授权类标准

序　号	标　准　号	标　准　名　称
1	YD/T 2917—2015	智能型通信网络　支持开放标识（OpenID）和开放认证（OAuth）的技术要求

数据来源：赛迪智库网络安全研究所。

第三节　管理类

网络可信身份生态建设离不开信息系统安全管理。管理类标准主要涉及网络安全管理、信息系统安全管理、风险评估、CA 系统运营管理及行业应用管理等方面的内容。据赛迪智库统计，截至 2018 年 12 月，我国共发布相关标准 36 项，其中，国家标准（GB）33 项，公共安全标准（GA）2 项，行业部门规范、规章标准 1 项。具体标准如表 10-8 所示。

表 10-8　管理类标准

序　号	标　准　号	标　准　名　称
1	GA 448—2003	居民身份证总体技术要求
2	GA 458—2004	居民身份证证件质量要求

序　号	标　准　号	标 准 名 称
3	GB/T 19715.1—2005	信息技术 信息技术安全管理指南 第 1 部分：信息技术安全概念和模型
4	GB/T 19715.2—2005	信息技术 信息技术安全管理指南 第 2 部分：管理和规划信息技术安全
5	GB/T 19716—2005	信息技术 信息安全管理实用规则
6	GB/T 20269—2006	信息安全技术 信息系统安全管理要求
7	GB/T 20274.1—2006	信息安全技术 信息系统安全保障评估框架 第 1 部分：简介和一般模型
8	GB/T 20282—2006	信息安全技术 信息系统安全工程管理要求
9	GB/T 20984—2007	信息安全技术 信息安全风险评估规范
10	GB/Z 20985—2007	信息技术 安全技术 信息安全事件管理指南
11	GB/Z 20986—2007	信息安全技术 信息安全事件分类分级指南
12	GB/T 20274.2—2008	信息安全技术 信息系统安全保障评估框架 第 2 部分：技术保障
13	GB/T 20274.3—2008	信息安全技术 信息系统安全保障评估框架 第 3 部分：管理保障
14	GB/T 20274.4—2008	信息安全技术 信息系统安全保障评估框架 第 4 部分：工程保障
15	GB/Z 21716.3—2008	健康信息学 公钥基础设施（PKI） 第 3 部分：认证机构的策略管理
16	GB/T 22080—2008	信息技术 安全技术 信息安全管理体系要求
17	GB/T 22081—2008	信息技术 安全技术 信息安全管理实用规则
18	卫办发〔2009〕125 号	卫生系统电子认证服务规范
19	GB/T 25067—2010	信息技术 安全技术 信息安全管理体系审核认证机构的要求
20	GB/T 25068.1—2012	信息技术 安全技术 IT 网络安全 第 1 部分：网络安全管理
21	GB/T 25068.2—2012	信息技术 安全技术 IT 网络安全 第 2 部分：网络安全体系结构
22	GB/T 28447—2012	信息安全技术 电子认证服务机构运营管理规范
23	GB/T 28450—2012	信息安全技术 信息安全管理体系审核指南
24	GB/T 28453—2012	信息安全技术 信息系统安全管理评估要求
25	GB/T 29244—2012	信息安全技术 办公设备基本安全要求
26	GB/T 29245—2012	信息安全技术 政府部门信息安全管理基本要求
27	GB/T 29246—2012	信息技术安全 技术信息安全管理体系概述和词汇

续表

序　号	标　准　号	标　准　名　称
28	GB/T 31495.1—2015	信息安全技术 信息安全保障指标体系及评价方法 第 1 部分：概念和模型
29	GB/T 31495.2—2015	信息安全技术 信息安全保障指标体系及评价方法 第 2 部分：指标体系
30	GB/T 31495.3—2015	信息安全技术 信息安全保障指标体系及评价方法 第 3 部分：实施指南
31	GB/T 31496—2015	信息技术 安全技术 信息安全管理体系实施指南
32	GB/T 31497—2015	信息技术 安全技术 信息安全管理测量
33	GB/T 31506—2015	信息安全技术 政府门户网站系统安全技术指南
34	GB/T 31722—2015	信息技术 安全技术 信息安全风险管理
35	GB/T 22080—2016	信息安全管理体系要求
36	GB/T 36626—2018	信息安全技术 信息系统安全运维管理指南

数据来源：赛迪智库网络安全研究所。

第四节　应用类

应用类标准主要分为一般应用和行业应用两大类。一般应用类标准主要涉及网络可信身份认证技术在通用产品设计中的应用，包括平台安全、权限管理、访问控制等；行业应用类标准主要是公安、金融、人社、财政、工商、卫生、烟草等领域主管部门针对网络可信身份服务发布的相关标准或规范。据赛迪智库统计，截至 2018 年 12 月，我国共发布 42 项应用类标准。一般应用类标准19 项，包括密码行业标准（GM）9 项、通信行业标准（YD）1 项、国家标准（GB）9 项，如表 10-9 所示。

表 10-9　一般应用类标准

序　号	标　准　号	标　准　名　称
1	GM/T 0011—2012	可信计算 可信密码支撑平台功能与接口规范
2	GM/T 0012—2012	可信计算 可信密码模块接口规范
3	GM/T 0016—2012	智能密码钥匙密码应用接口规范
4	GM/T 0017—2012	智能密码钥匙密码应用接口数据格式规范
5	GM/T 0019—2012	通用密码服务接口规范
6	GM/T 0021—2012	动态口令密码应用技术规范

续表

序　号	标 准 号	标 准 名 称
7	GM/T 0050—2016	密码设备管理 设备管理技术规范
8	GM/T 0051—2016	密码设备管理 对称密钥管理技术规范
9	GM/T 0053—2016	密码设备管理 远程监控与合规性检验接口数据规范
10	YD/T 1614—2007	公众 IP 网络安全要求——基于数字证书的访问控制
11	GB/Z 19717—2005	基于多用途互联网邮件扩展（MIME）的安全报文交换
12	GB/T 20276—2006	信息安全技术智能卡嵌入式软件安全技术要求（EAL4 增强级）
13	GB/T 22186—2008	信息安全技术 具有中央处理器的集成电路（IC）卡芯片安全技术要求（评估保证级 4 增强级）
14	GB/T 25057—2010	信息安全技术 公钥基础设施电子签名卡应用接口基本要求
15	GB/T 31167—2014	信息安全技术 云计算服务安全指南
16	GB/T 31168—2014	信息安全技术 云计算服务安全能力要求
17	GB/T 31503—2015	信息安全技术 电子文档加密与签名消息语法
18	GB/T 22186—2016	信息安全技术 具有中央处理器的 IC 卡芯片安全技术要求
19	GB/T 36322—2018	密码设备应用接口规范

数据来源：赛迪智库网络安全研究所。

行业应用类标准 23 项，包括商业行业标准（SB）1 项、通信行业标准（YD）1 项、公共安全标准（GA）1 项、金融行业标准（JR）1 项、密码行业标准（GM）2 项、税务行业标准（SW）2 项、人社标准（LD）2 项、烟草行业标准（YC）1 项、国家标准（GB）7 项，其他行业标准规范 5 项。具体标准如表 10-10 所示。

表 10-10　行业应用类标准

序　号	标 准 号	标 准 名 称
1	DB31/T 777—2014	法人网上身份一证通用数字证书格式规范
2	GB/Z 28828—2012	信息安全技术 公共及商用服务信息系统个人信息保护指南
3	SB/T 11009—2013	电子合同在线订立流程规范
4	GA 459—2004	居民身份证材料及所用软件、设备代码
5	YD/T 3152—2016	网络电子身份标识 eID 移动应用接口技术要求

续表

序　号	标　准　号	标　准　名　称
6	GB/T 20987—2007	信息安全技术 网上证券交易系统信息安全保障评估准则
7	GB/T 20983—2007	信息安全技术 网上银行系统信息安全保障评估准则
8	GB/T 21080—2007	银行业务和相关金融服务 基于对称算法的签名鉴别
9	GB/T 27909.3—2011	银行业务 密钥管理（零售）第3部分：非对称密码系统及其密钥管理和生命周期
10	GB/T 27913—2011	用于金融服务的公钥基础设施实施和策略框架
11	GB/T 31502—2015	信息安全技术 电子支付系统安全保护框架
12	JR/T 0118—2015	金融电子认证规范
13	GM/T 0045—2016	金融数据密码机技术规范
14	GM/T 0046—2016	金融数据密码机检测规范
15	SW6—2013	税务系统数字证书格式标准
16	SW7—2013	税务系统数字证书应用接口规范
17	LD/T 30—2009	人力资源和社会保障电子认证体系规范
18	LD/T 32—2015	社会保障卡规范
19	DB35/T 1493—2015	组织机构数字证书技术规范
20	卫医政发〔2010〕24号	电子病历基本规范（试行）
21	卫医政发〔2010〕114号	电子病历系统功能规范（试行）
22	GB/Z 21716.1—2008	健康信息学 公钥基础设施（PKI）第1部分：数字证书服务综述
23	YC/T 327—2009	烟草行业数字证书应用接口规范

数据来源：赛迪智库网络安全研究所。

产业和应用篇

第十一章

我国网络可信身份服务产业发展情况

第一节　产业发展概况

一、产业规模

随着网络空间主体身份管理与服务的不断深入，我国网络可信身份服务产业快速成长，近年来已经初具规模。据赛迪智库统计，我国 2013—2018 年网络可信身份服务产业规模及增长率如表 11-1 和图 11-1 所示。截至 2018 年 12 月，我国网络可信身份服务产业规模达到 1 128.73 亿元，较 2017 年增长 13.7%。

表 11-1　2013—2018 年我国网络可信身份服务产业规模及增长率

年　　份	2013	2014	2015	2016	2017	2018
市场规模（亿元）	374.6	438.6	544.4	724	992.6	1 128.73
增长率	12.3%	17.1%	24.1%	33%	37.1%	13.7%

数据来源：赛迪智库网络安全研究所。

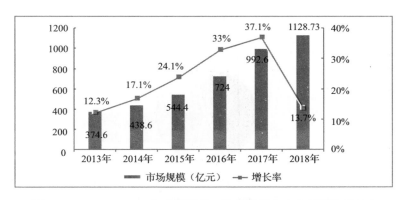

图 11-1　2013—2018 年我国网络可信身份服务产业规模和增长率

（数据来源：赛迪智库网络安全研究所）

二、产业细分结构

从产业链角度来看，2018 年我国网络可信身份第三方中介服务规模约为 30 亿元，囊括了提供网络可信身份咨询、培训和测试等服务。网络可信身份服务基础技术产品提供商的市场规模约为 892.84 亿元，其中基础硬件制造商规模为 443.74 亿元，包括安全芯片、USB Key、OTP 动态令牌、指纹识别芯片、读卡器、SSL/VPN 服务器相关产品；基础软件服务商规模约为 109.1 亿元，包括身份服务运营管理系统、身份服务调用模块 SDK 等；底层身份认证技术提供商规模约为 340 亿元（不包括相关硬件，如指纹识别芯片等），包括人脸识别和指纹识别应用等。网络可信身份服务商规模约为 83.49 亿元，其中，公安部等权威身份服务商并不开展商业应用，第三方互联网账号授权登录服务往往也不直接收费，电子认证机构产业规模为 67.49 亿元左右（不包括相关硬件市场规模），电信运营商提供的实名 SIM 手机认证功能规模为 16 亿元左右。电子商务相关网络可信服务身份规模约为 92.4 亿元。社交媒体等相关网络可信身份服务规模约为 30 亿元。

从产业结构的角度看，2018 年我国网络可信身份服务产业结构由硬件、软件和服务三大部分组成，各部分所占比例如图 11-2 所示。其中，网络可信身份服务占总产业规模的 43.34%，是产业最重要的组成部分，基础硬件、基础软件和咨询中介服务的占比分别是 43.13%、10.61% 和 2.96%。2017、2018 年网络可信身份服务产业细分结构对比如图 11-3 所示，对比 2017 年，网络可信身份服务基础软件在整个产业规模中的占比有较大提高，这说明 2018 年身份服务运营管理系统和身份服务调用模块 SDK 等基础软件快速发展；基础硬件的占比有小幅度提高，这得益于安全芯片、指纹识别芯片、SSL/VPN 服务器的稳步发展。

2018 年网络可信身份服务产业基础硬件细分规模如图 11-4 所示。

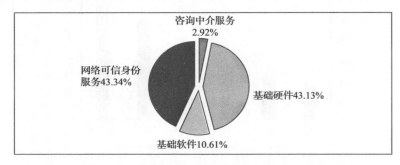

图 11-2　2018 年网络可信身份服务产业细分结构

（数据来源：赛迪智库网络安全研究所）

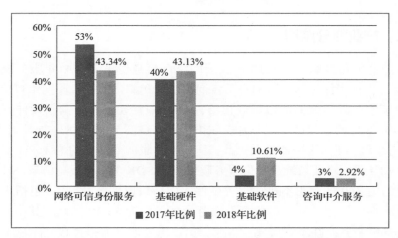

图 11-3　2017、2018 年网络可信身份服务产业细分结构对比情况

（数据来源：赛迪智库网络安全研究所）

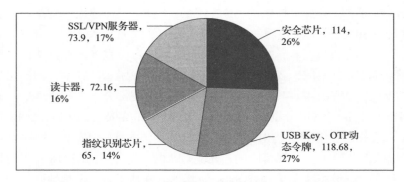

图 11-4　2018 年网络可信身份服务产业基础硬件细分规模

（数据来源：赛迪智库网络安全研究所）

三、重点细分领域特点与趋势

（一）电子政务领域

电子政务应用形成了以数字证书为主的身份认证方式。电子政务应用不仅对系统安全性和稳定性要求极高，在税务、海关、工商等领域还要求对申报人的申报行为进行抗抵赖。基于 PKI 技术的数字证书认证方式凭借其高安全性、可靠性和抗抵赖性特别适合电子政务身份认证应用，近年来已经逐渐占据主流地位。据赛迪智库统计，截至 2018 年 12 月，应用在电子政务领域的有效数字证书已超过 1 300 万张，分布非常广泛，包括税务、工商、质监、组织机构代码、社保、公积金、政务内网、采购招投标、行政审批、海关、房地产、民政、财政、计生系统、公安、工程建设、药品监管等领域。

（二）电子商务领域

电子商务应用形成了多维度融合的身份认证方式。在电子商务领域，身份认证技术的应用受业务场景、用户习惯、安全性共同影响，与电子政务领域相比，身份认证技术选择种类更多，用户实际使用中往往同时使用两种以上的认证技术。以支付宝为例，支付宝提供"账号＋口令""口令＋手机验证码"、文件证书、支付盾、指纹识别、面部识别、声纹识别、扫码授权等多种不同的用户身份认证方式，用户在不同场景自主选择相应身份认证方式组合。例如，在 PC 端对账户进行小额转账（如 50 元以下）、支付交易时，多采用"账号＋口令""口令＋手机验证码"和手机扫码授权等方式；在 PC 端进行大额转账、支付交易等业务时，主要使用"账号＋口令＋数字证书（文件证书或支付盾）"认证方式；在手机端进行小额转账（如 50 元以下）、支付交易时，一般采用"账号＋口令""口令＋手机验证码"认证方式；在手机端进行大额支付时，主要采用生物识别（TouchID 指纹、FaceID 面部或者声纹识别）＋移动数字证书、口令、手机验证码进行多重认证的方式。除此之外，支付宝还对用户历史登录和支付行为进行大数据分析、建模，对可疑登录和支付操作进行自动质疑、阻止和通知，误识率低于 1%。据赛迪智库统计，78.3% 的网购用户在进行网络支付时使用两种以上身份认证方式，其中，又有 80% 以上的用户经常使用"指纹识别＋手机验证码"的组合认证方式。

（三）公共服务领域

以社交应用为代表的公共服务应用形成了以第三方账号授权登录为主的身份认证方式。当前，越来越多的社交应用选择加入一个或多个由大型互联网厂商提供的身份认证平台，接受由认证平台提供的外部身份服务。对应用开发商来讲，此举降低了用户注册、登录的时间成本，间接扩大了应用的用户群；对平台提供商来讲，多元化的第三方应用的加入也更好地满足了平台的用户需求。主流的第三方授权登录服务平台有腾讯的 QQ 互联、新浪微博的微连接、淘宝/支付宝账号登录和人人账号登录等，普遍使用 OAuth 和 OpenID 技术。据赛迪智库统计，超过 10 万个第三方应用已经接入或已提交接入腾讯开放平台的申请，有 3 万家网站已经使用了 QQ 互联的登录系统；接入新浪微博开放平台的网站已经超过 18 万家；接入淘宝/支付宝开放平台的第三方应用已经超过 20 万个，网站超过 5 万家。据公开资料显示，85% 以上的网民使用过第三方授权登录服务，50% 的网民经常使用该服务。

第二节　产业发展特点

一、国家政策加码，产业发展速度逐渐加快

随着近年来国内身份冒用、欺诈、个人隐私泄露事件的频繁发生，我国政府对于网络可信身份生态建设的意识逐渐加强，政策支持力度不断上升。以《网络安全法》为例，其以法律的形式明确"国家实施网络可信身份战略，支持研究开发安全、方便的电子身份认证技术，推动不同电子身份认证之间的互认"。受《网络安全法》及相关配套法律的落地红利影响，2018 年整个网络可信身份服务产业发展迅速，产业规模超过 1 100 亿元，网络可信身份认证需求也都得到了充分的释放。

二、产业结构合理，良好产业生态逐渐形成

近年来，我国网络可信身份服务业发展迅速，增长速度超过基础软硬件产品，产业结构分布趋于合理，良好的产业生态逐渐形成。这种产业结构反映出，当前我国身份服务市场需求已经逐渐从单一的身份认证技术产品向集成化的网络可信身份认证解决方案转变，购买"一站式、全流程"的网络可信身份服务逐渐成为主流，良好的产业生态正在形成。

三、行业集中度提升，企业竞争力显著提高

网络可信身份服务业集中度日益提升，一些大型企业和机构已经拥有完整的身份认证服务体系，具备提供完整的产品、设备，以及某个具体层面解决方案的能力，不仅能够为政府、军队等提供高质量身份认证服务、整体架构设计和集成解决方案，还能走出国门，满足国外客户身份认证服务需求。阿里巴巴集团的 B2B 平台 1688 服务面向国外有实力的厂商开放，并利用国外网站的营业执照和在当地工商部门的注册信息、办公场所的租赁合同、办公电话等信息进行身份认证，截至 2018 年 12 月，1688 平台入驻厂商已超过 3000 万家。天猫已有 25 个国家和地区的 5400 个海外品牌入驻。腾讯旗下的诸多产品已经成为国际流行的通信工具，截至 2018 年 12 月，微信维护超过 20 亿用户的注册信息，公众服务平台超过 1000 万个，并对其进行身份管理。中国工商银行已在全球 41 个国家和地区设立了 330 余家海外机构，形成了横跨亚、非、拉、欧、美、澳的全球服务网络，拥有完整的用户身份认证、管理、评估体系。这些行业龙头企业带动性强，人才、资金、技术能够保持长期的积累，是推动整个产业发展的核心力量。

第三节　产业最新进展情况

当前，主管部门、科研机构、企事业单位继续深度推进网络可信身份服务业发展，不断创新相关技术、推进项目落地、宣传发展网络可信身份服务的积极意义、打造网络可信身份服务生态。

2018 年年初，"声纹＋身份认证云"在贵州省贵安新区落地，利用得意音通公司的声纹身份认证技术推进可信身份服务产业发展。在一年半的时间内，中国电子政务网、内蒙古社保、陕西省公安厅等项目也都相继落地。

2018 年 7 月，赤峰出入境管理部门等作为全区首批试点单位开展"出入境＋可信身份认证平台"工作。

2018 年 12 月，由国家网信办网络安全协调局和国家密码管理局商用密码管理办公室指导，中国电子信息产业发展研究院主办，赛迪智库网络安全研究所、赛迪（青岛）区块链研究院承办的第二届"网络空间可信峰会"在北京召开。峰会为期两天，以"智能时代网络可信生态建设"为主题，通过专题研讨、技术应用展览和宣传普及等系列活动，研究网络可信技术及应用发展最新趋势，探讨网络可信身份生态建设思路和路径，是落实《网络安全法》、推进实施国

家网络可信身份战略的一次重要会议，来自业务主管部门、研究机构、网络可信服务和应用单位、大型互联网科技公司及新闻媒体代表 500 余人出席了峰会。

近两年，多家区块链企业开展身份认证相关服务。北京公益联科技有限公司开展了基于 eID 数字身份的区块链服务。该服务是在公安部第三研究所的指导下开展的，该公司由中电同业、太一云股份有限公司等共同出资成立。贵州远东诚信管理有限公司研发了身份链，旨在为政府提供居民身份上链服务。深圳前海微众银行股份有限公司研发了基于分布式实体身份认证及管理和可信数据交换协议。微位（深圳）网络科技有限公司主要为企业提供商业身份认证后的区块链名片，旨在建立跨企业间互信。区块链时代（厦门）科技有限公司研发了个人数据上链并交换的技术。

第十二章

我国网络可信身份服务应用进展现状

第一节　网络可信身份服务在各领域应用的进展情况

近年来，个人隐私泄露、电信骚扰和诈骗、网络犯罪难以追责、网络黑色产业链滋生、网络谣言随意散播等现象的频繁发生，导致网络信任危机愈演愈烈。这些危机包括对个人隐私信息泄露的担忧、对他人身份和行为的不可信任、对网络违法溯源能力的担忧等。面对这些危机，我们亟须采取措施建立一个健康有序发展的网络空间。网络可信身份技术的大规模应用，解决了食品、物流、金融、政务、能源等方面的信任问题，网络可信身份服务应用在电子商务、电子政务、公共服务、信息共享等领域发展迅猛。

一、在电子商务领域网络可信身份服务应用的进展

电子商务领域中的信息安全技术是一个热点问题，主要目的是通过多种身份认证技术手段识别授权客户。电子商务中的信息安全身份识别是为了保证交易双方的数据可信，而采用不同的现代技术方法完成授权认证的一种措施。受业务场景、用户习惯和安全性等因素的影响，使用者可以根据不同的安全级别采用不同的措施。传统的识别技术包括密码口令、密钥卡、智能卡、手写签名识别认证等，随着生物识别技术的不断发展和完善，人脸面部特征识别、指纹

识别、视网膜识别、虹膜识别、语音识别等技术逐步在电子商务领域得以应用。在支付领域，包括支付宝、京东支付等诸多电商都在大范围推广"刷脸支付"业务，通过奖励金、红包、账单打折等方式进行推广，用户只需要刷脸进行确认，就可以高效便捷地完成支付。2018 年 6 月，IFAA（互联网金融身份认证联盟）在全球首发了面向整个安卓生态的"IFAA Face ID"。该方案实行多样方案并行、全硬件平台支持的策略，3D 结构光、双目、TOF 等相关技术都有相应的方案和标准跟进，OPPO Find X、华为 nova 3、华为 mate20 等机型都通过"IFAA Face ID"实现了对"支付宝人脸支付"的支持，同时也打开了在安卓机型上落地"金融级安全"人脸识别功能的广阔空间。

二、在电子政务领域网络可信身份服务应用的进展

电子政务应用不但对系统安全性和稳定性要求极高，在税务（网上报税）、海关（报关单网上申报）、工商（电子营业执照）等领域还要求对申报人的申报行为进行抗抵赖。基于 PKI 技术的数字证书认证方式凭借其高安全性、可靠性和抗抵赖性特别适合电子政务身份认证应用，近年来该方式已经逐渐占据主流地位。电子政务稳步推进，成为转变政府职能、提高行政效率、推进政务公开的有效手段。随着移动通信技术的普及，各级政府、各政府委办局对于移动办公需求日益强烈，政务处理的移动信息化已经从办公领域延伸到行政监督甚至执法领域。随着移动终端应用在电子政务领域不断推广，其所面临的安全需求也日益迫切。对于信息的真实性、机密性、完整性、可核查性、可控性、可用性的需求促使电子政务领域网络可信身份应用不断发展。未来，随着"放管服"工作的深入，电子政务领域的可信身份服务对企业和公众很可能是免费的，相应的网络可信身份服务成本可能会由政府通过自建或统一购买服务的形式来解决。

三、在公共服务领域网络可信身份服务应用的进展

公共服务领域是指服务提供者并非政府及政府直接部门，且最终交付给用户（客户）的产品为有形服务的领域，如医疗服务、交通服务、通信服务等。这些服务通常在与网络可信身份结合前即有其特定的应用场景，在"互联网+"的时代，传统的公共服务结合网络可信身份已经成为目前形势下的必然结果。

以医疗服务为例，2018 年 4 月，国务院办公厅印发《关于促进"互联网+医疗健康"的发展意见》，在新的时代为医疗卫生改革指明了方向。国家卫健委提出了"三个一"工程，并列入《"健康中国 2030"规划纲要》，国家卫健委也提出了一些新的政策措施，如远程医疗、互联网医疗、家医签约、居民健康

档案向个人开放共享等实际措施，打破了原有的患者就医模式。在医疗服务领域，网络可信身份有如下应用场景和需求：一是跨域验证，医生、患者在医院内及跨院的可信身份认证，智能穿戴设备可信认证；二是隐私保护，患者个人隐私数据保护及数据脱敏，以及大数据传输存储安全；三是数据可信交换，医疗数据的一致性、完整性和防篡改性，跨院跨域的在线离线可信交换；四是行为追溯，跨域医疗行为的监管与追溯、责任划分与责任认定。

四、在互联网信息共享领域网络可信身份服务应用的进展

伴随时代的发展，越来越多的社交应用选择加入一个或多个由大型互联网厂商提供的身份认证平台，接受由认证平台提供的外部身份服务。对应用开发商来讲，此举降低了用户注册、登录的时间成本，间接扩大了应用的用户群；对平台提供商来讲，多元化的第三方应用的加入也更好地满足了平台的用户需求。主流的第三方授权登录服务平台普遍使用 OAuth 和 Open ID Connect 技术，包括国内的 QQ、微信、支付宝等，以及国外的谷歌、IBM、微软、亚马逊等。2018 年 8 月 7 日，OpenID Foundation 成员正式批准 OpenID Connect federation 1.0 规范作为 OpenID 实施者的推荐草案，将 OIDC（OpenID Connect）的规范程度又提升了一个层次。在规范中，明确提出了 OIDC 中对动态发现和注册的自主张身份的担忧，以及确认了 OIDC 协议对于 TLS 层的依赖。OIDC 联盟规范已经基本上支撑起了互联网环境下可信身份验证的相关规范，建立了一种公认有效的方案，将身份信息可靠地由一个注册方传递到另一个依赖方中，有助于网络身份更广泛的使用和传递。可以预见，可靠的注册过程和身份源结合 OIDC 规范是可信身份在信息共享领域中的主要应用方式。

第二节　主流网络可信身份服务体系应用的进展情况

一、公安部门主导的网络可信身份服务应用的进展情况

截至 2018 年 12 月，我国公安部第一研究所及第三研究所针对我国网络可信身份服务体系应用均进行了深入的探索，分别研究了居民身份证网上功能凭证（CTID）和公民网络电子身份标识（eID）两种网络可信身份产品体系。

公安部第一研究所联合以腾讯、蚂蚁金服为代表的互联网公司，大力推进了居民身份证网上功能凭证（CTID）的应用。2017 年 12 月，该应用首次在广东省试点。"网证"系统在浙江、福建首次进行多地同时试点，在杭州、衢州、

福州三地分别挑选了政务办事、酒店入住、购买车票这三个生活场景进行试点。2018 年 4 月 17 日，"居民身份证网上功能凭证"亮相支付宝，并正式在杭州、衢州、福州三个城市的多个场景同时试点。2017 年，公安部第一研究所指导成立中关村安信网络身份认证产业联盟（OIDAA），经过一年多的发展，参与企业已经超过了 100 家。在 2018 年的 OIDAA 年会上，公安部第一研究所透露，CTID 平台拥有三大类超过 12 种认证模式，包括指纹、人脸识别等生物特征识别技术，形成了基于法定身份证件的多算法、多因子融合的身份认证生态体系。围绕互联网 + 政务服务、益民服务、金融保险等重点领域，CTID 平台（互联网 + 可信身份认证平台）携手会员单位，打造出了百花齐放的"互联网 + 可信身份认证应用"新生态。截至 2018 年 12 月，CTID 平台已经支持了中国政府网、国务院客户端、国家政务服务平台、交管 12123 等多个国家级应用。

公安部第三研究所联合以华为、OPPO 为代表的手机厂商，联合推进 eID 即"公民网络电子身份标识"的应用。截至 2018 年 12 月，共推动了以航旅纵横、法大大、通付盾、e 速管家为代表的 13 家应用作为试点场景，开展了在手机终端的应用。用户可以通过 eID 的方式，实名登录这些应用，并使用这些应用提供的需要实名认证的相关服务。eID 以密码技术为基础、以智能安全芯片为载体，由"公安部公民网络身份识别系统"签发给公民的网络电子身份标识，能够在不泄露身份信息的前提下在线远程识别身份。根据载体类型的不同，eID 主要有通用 eID 与 SIMeID 两种，其中通用 eID 常用于银行金融 IC 卡、USB Key、手机安全芯片等，SIMeID 主要用于支持 SIM/USIM 功能的载体，常见的有 SIM 卡、USIM 卡、SIM 贴膜卡、eSIM 芯片等。2018 年 4 月 14 日，由公安部签发给个人的全国首批 5 万张带贴膜技术身份标识的 SIMeID 卡首发仪式在江西共青城市举行。此次发放的 SIMeID 贴膜卡是新型的 eID 载体，可以在不更换原有 SIM 卡的情况下在手机移动智能终端便捷使用 eID 相关服务和应用。eID 数字身份凭证签发等级（CIL）要求如表 12-1 所示。

表 12-1　eID 数字身份凭证签发等级（CIL）要求

等　　级	联系方式确认	身份信息核验	身份证明收集	身份证明确认	人证合一认证要求	到场要求	签发记录存留要求
CIL1	√（留存）	√					
CIL2	√（确认）	√	√	√			
CIL3	√（确认）	√	√	√	√	√（远程可控）	
CIL4	√（确认）	√	√	√	√	√（面签）	√

数据来源：金联汇通信息技术有限公司（2018.12）。

二、基于 CA 机构的网络可信身份服务应用的进展情况

截至 2018 年 12 月，经工业和信息化部批准，我国具有电子认证服务资质的企业共计 45 家。其中 2018 年新增 2 家，分别为天津市中环认证服务有限公司、重庆程远未来电子商务服务有限公司。近年来，全国 45 家电子认证服务机构以 PKI 技术为核心，结合其多年积累的线下服务网点，在网络可信身份服务的推进中取得了一定的成绩。2018 年新疆 CA（数字证书认证中心）、贵州 CA 等多家 CA 联合应用依赖方进行了大量的"一证通办"业务。随着全国"放管服"工作的深入，电子认证服务机构发挥线下网点的专业服务力量，加强了对于公众用户的服务工作，包括开设服务热线，以及线下指导用户正确结合系统使用数字证书等，取得了较好的工作成果。

三、基于 FIDO 的网络可信身份服务应用的进展情况

FIDO Alliance 成立于 2012 年 7 月，全称为 Fast IDentity Online Alliance，即快速在线身份识别联盟（以下简称"FIDO 联盟"）。FIDO 的目标是创建一套开放的标准协议，保证各个厂商开发的强认证技术之间的互操作性，改变主流在线验证的方式（使用口令作为主要验证手段），消除或者减弱用户对口令的依赖。对于互联网公司来说，随着重大数据泄漏事故的频发，过去基于口令的在线身份验证技术已经难以维持互联网经济的稳定发展。而 FIDO 联盟正是在这个背景下应运而生的一个推动去口令化的强认证协议标准的组织。2018 年 4 月，FIDO 和 W3C（万维网联盟）在基于 Web 的"强身份认证"（Stronger Authentication）上取得了突破。通过标准 Web API—WebAuthn，Web 应用开发者可以调用 FIDO 基于生物特征、安全、快速的在线身份认证服务。2018 年 11 月 27 日，FIDO 联盟和 W3C 在北京联合举办技术研讨会，研讨了 FIDO2.0 相关内容。FIDO2.0 分为 WebAuthn 和 CTAP 协议两部分，Web Authentication 标准由 W3C 和 FIDO 联盟一起完成标准制定，仅在 Win10 和安卓系统下适用，有三款主流浏览器 Chrome、Edge、Firefox 提供原生支持，可使用平台认证器（内置在 PC 上）或漫游认证器（如手机、平板、智能手表等），通过 WebAuthn 接口调用 FIDO 服务，完成 Web 应用的强身份认证。此外，FIDO2.0 还包含 CTAP（客户端到认证器）协议。CTAP 本质上是 U2F 的延伸，通过使用独立的手机、USB 设备或 PC 内置的平台认证器，完成 Window 10 系统或安卓系统上的身份认证。

四、基于 IFAA 的网络可信身份服务应用的进展情况

2015 年成立的 IFAA，全称为 Internet Finance Authentication Alliance，即互联网金融身份认证联盟，由中国信息通信研究院、蚂蚁金服、华为、三星、中兴等单位联合发起，覆盖包括多个国家应用厂商、移动终端厂商、芯片厂商、算法厂商、安全解决方案提供商以及国家检测机构等全产业链角色。2018 年 9 月，IFAA 召开了"IFAA2018 年度大会"，会上，IFAA 发布了相关的数据。截至 2018 年 9 月，IFAA 联盟已拥有 12 亿台设备支持，并服务于 3 亿用户。截至 2018 年 12 月，IFAA 设立有本地免密工作组、物联网安全工作组、测试认证工作组、远程认证工作组（远程人脸）和终端安全工作组。2018 年 3 月，IFAA 联盟协助推动"指纹、人脸、虹膜"三项国标立项。2018 年 5 月，IFAA 本地免密标准 2.1 版本问世，全面支持 SE 安全单元。2018 年 6 月，IFAA "3D 安全人脸方案"全球首发，安卓机也能"人脸支付"。在互联网金融领域，IFAA 为网络可信身份服务应用做出了诸多贡献，并推进了众多场景的标准化，在一定程度上避免了技术协议的重复设计，为各网络身份互通互认做了铺垫工作。

五、基于电信运营商的网络可信身份服务应用的进展情况

电信运营商是一类重要的网络可信身份建设的参与者和实践者。结合中国的实际国情，近年我国一直在加强电信电话用户的实名登记工作，实名登记有效地提高了电信用户的网络身份信任程度，为减少电信诈骗做出了较大贡献。

2018 年 11 月，工业和信息化部网络安全管理局发布的《2018 年第三季度信息通信行业网络安全监管情况通报》中，明确提出了"各企业要严格落实《电话用户真实身份信息登记实施规范》（工信部网安〔2018〕105 号）、《关于加强源头治理 进一步做好移动通信转售企业行业卡安全管理的通知》（工信厅网安〔2018〕75 号）要求，切实落实企业主体责任，规范电话用户入网手续，进一步提升电话用户实名登记信息准确率，强化物联网行业卡安全管理。"2018 年第三季度，工业和信息化部共抽查 40 家移动通信转售企业 5 082.8 万余条电话用户登记信息，总体准确率为 98.2%。随机抽查 2017 年以后新入网用户 12.8 万余张现场留存照片，用户人证一致率为 95.4%。

未来，随着网络安全及网络可信理念的深入和发展，电信企业的实名制工作将会更加严格。未来，电信运营商有可能会增加入网环节的增强验证，全面留存人像比对信息后再办理入网手续。此外，针对二次倒卖电话卡、不知情办

卡的情况，电信运营商也会增加相应的措施和手段，为推进网络诚信体系建设和网络空间综合治理奠定坚实基础。

六、基于银行账户的网络可信身份服务应用的进展情况

银行及金融业的根基为可靠的身份不同的客户，其业务与可信身份服务有着密不可分的联系。巴塞尔银行监管委员会在 1998 年 12 月通过的《关于防止犯罪分子利用银行系统洗钱的声明》明确提出，金融机构在提供服务时应当对用户信息和用户画像进行采集和识别。随后，"Know-Your-Customer"，即"了解你的客户"（简称"KYC"）原则被各国的监管机构所接受并推行。无论是 2017 年年底国家监管部门颁布的《关于规范整顿"现金贷"业务的通知》，还是 2018 年年初的资管新规，都明确提出要"了解你的客户"，加强投资者适当性管理。

2017 年，银发〔2017〕117 号《中国人民银行关于加强开户管理及可疑交易报告后续控制措施的通知》中，明确提出了"加强开户管理，有效防范非法开立、买卖银行账户及支付账户行为"，要求各银行业金融机构和支付机构应遵循"了解你的客户"的原则，认真落实账户管理及客户身份识别相关制度规定，区别客户风险程度，有选择地采取联网核查身份证件、人员问询、客户回访、实地查访、公用事业账单（如电费、水费等缴费凭证）验证、网络信息查验等查验方式，识别、核对客户及其代理人真实身份，杜绝不法分子使用假名或冒用他人身份开立账户。

随着互联网技术不断渗透银行业，犯罪分子的手段也在随着时代发展。利用黑产及灰产买卖欠发达地区的遗失身份证，用于开户洗钱等不法行为也出现了苗头。基于多维度大数据风控技术下的网络可信身份，成为帮助银行规避风险，落实"了解你的客户"要求，有力打击金融违法犯罪的有效手段。我国的信用体系建设起步相对较晚，整体信用体系还较为薄弱，距离欧美国家的高等级信用体系还有较大的差距，正是因为要解决当前社会信用建设的短板，银行业主导开发了各种网络可信身份应用产品，包括 PBOC 芯片银行卡、一代 KEY、二代 KEY、蓝牙 KEY、OTP、声纹 KEY 等。多维度、高等级的网络身份验证技术和银行后台风控技术的结合，使银行的网络可信身份能够控制其业务面临的大部分风险，有力地支持了银行业的稳定发展。

第三节　我国网络可信身份服务应用的特点

网络身份已经成为互联网的重要战略资源，其认证服务模式和认证方式的应用也在发生巨大变化。生物特征识别、云计算、大数据等技术的融合发展，极大地促进了网络可信身份服务在金融、政务、医疗等各大领域的应用。

一、在线身份管理服务共用共享实现增长

当一个用户使用多个机构的服务时，仍旧需要使用多个账户，机构与机构之间的跨机构访问，以机构为中心的身份管理也难以解决多账户问题。身份管理已经打破应用或者机构的边界，逐步形成以用户为中心的身份管理。以用户为中心的身份管理能够确保用户用少量的身份信息，使用跨机构、跨地域，甚至跨国界的服务。业界已涌现出一系列标准，用于不同的网络身份认证系统之间的互联互通，以及跨域进行访问授权。例如，OpenID、SAML、OAuth 等国际标准已得到广泛应用，被大量国内外主流的互联网企业所采用，越来越多的互联网厂商对外提供第三方登录的功能，在线身份管理服务用户场景实现增长。

在网络应用和身份大规模增长的现状下，身份管理系统共享共用在为个体提供选择和便利、为应用节省成本的同时，也能更好地保护用户的个人信息。在共享共用的身份管理系统里，作为身份管理服务企业，通过身份入口掌握用户信息，同时通过提供身份服务获取商业利益；作为应用提供商，可选择不同的身份管理系统，自己不需要管理用户。作为个人，可自由选择身份管理系统，将个人信息放在较安全的身份管理系统，有利于身份信息的管理和隐私保护。

二、多模式多安全等级电子认证成为最佳选择

互联网应用和服务层出不穷、形式多样、更新频繁，不同网络应用或服务对用户的可信安全需求也各不相同，即使相同的应用，在不同的环境和场景下对用户的鉴别也有不同的安全要求。支持多等级的安全身份鉴别，以满足不同类型、不同规模的应用在安全性、隐私保护能力、赔付能力等方面的差异化需求是现代身份鉴别的重要内容。应用或服务需要针对不同的用户和应用场景，配置不同的安全策略。举例来说，对于需要处理不太敏感信息的应用，仅通过一般鉴别强度的用户实体就可使用；对于安全风险较大的环境，需要使用更强鉴别功能的令牌。

针对不同的应用、机构、软件和服务，根据相应的安全需求，制定多安全等级的认证策略，采用不同安全要求的身份鉴别技术，以达到安全性和易用性

的更好的平衡。

三、基于大数据的行为追溯强化网络可信身份管理

在网络可信身份管理技术的发展趋势下，个体的身份、行为信息存储在身份管理机构，随着大数据在各行各业的应用和发展，可通过构建网络身份与行为数据中心，实现对用户在不同身份管理机构的身份关联，从而完成用户行为预测和网络可信感知。

通过与身份管理机构进行用户身份与行为数据的交换，利用不断积累起来的历史元数据，可以获得用户身份关联、行为预测、网络可信感知等能力，建立用户网络活动信用档案，提高追溯能力。通过对用户行为大数据的监控与预测，可以发现异常行为并提前预警，实现快速追踪；还可实现网络可信感知和网络宏观状态发现，包括上网流量分析、网络关注度分析、异常分析和报警等。

第十三章

我国电子认证服务业发展情况

第一节　电子认证服务业整体发展情况

一、发展现状

随着网络空间技术的发展及云计算、物联网、移动互联网、区块链等新技术、新应用的不断涌现，网络社会发展到了一个新水平、新阶段。面对网络空间各领域参与主体的迅猛扩张，电子认证服务成为确认网络主体及行为、保障用户权益、认定法律责任的重要手段，电子认证服务应用需求日益升温。经过多年的发展和市场培育，我国电子认证服务产业已初具规模，包括电子认证软硬件提供商、电子认证服务机构、电子签名应用产品和服务提供商、应用单位和终端用户等主体，上下游产业链条不断完善。回顾 2018 年，电子认证服务业在各方面都取得了一定成果。

1. 产业规模继续扩大

近年来，电子认证服务产业总体规模保持快速增长的态势，2018 年电子认证服务产业总体规模达到 246.3 亿元，同比增长 12%，其中，电子认证软硬件市场规模 193.2 亿元，电子认证服务机构营业额 53.1 亿元。2014—2018 年电子认证服务产业总体规模及增长率如表 13-1、图 13-1 所示。

表 13-1 2014—2018 年电子认证服务产业总体规模及增长率

年　　份	2014	2015	2016	2017	2018
产业规模（亿元）	129.9	162	192.8	220	246.3
增长率	38%	24.7%	19%	14.1%	12%

数据来源：赛迪智库网络安全研究所。

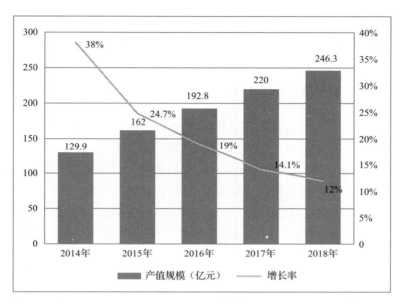

图 13-1 2014—2018 年电子认证服务产业总体规模及增长率

（数据来源：赛迪智库网络安全研究所）

2. 标准化工作稳步推进

我国电子认证服务相关标准可分为两个层面：一是国家标准层面，该项工作由全国信息安全标准化技术委员会（简称"信安标委"）负责；二是行业标准层面，由各相关领域的主管部门根据职责发布行业标准。截至 2018 年 12 月，我国正式发布的电子认证相关国家标准约 100 项。与此同时，密码行业标准进展良好，国家密码管理局于 2018 年努力推进行业标准晋升为国家标准和国际标准。2017 年 11 月 3 日，在第 55 次 ISO/IEC 联合技术委员会信息安全技术分委员会（SC27）德国柏林会议上，含有我国 SM2 与 SM9 数字签名算法的标准 ISO/IEC14888-3/AMD1《带附录的数字签名 第 3 部分：基于离散对数的机制——补篇 1》获得一致通过，成为 ISO/IEC 国际标准。2018 年 11 月 22 日，含有我国 SM3 杂凑密码算法的标准 ISO/IEC10118-3:2018《信息安全技术杂凑函数 第 3 部分：专用杂凑函数》最新一版（第 4 版）由国际标准化组织（ISO）发布，SM3 算法正式成为国际标准。2017 年 11 月作为补篇纳入国际标准的 SM2、SM9 数字签名算法，以正文形式随 ISO/IEC14888-3:2018《信息安全技术带附录的数字签名 第 3 部分：基于离散对数的机制》最新一版发布。至此，我国 SM2、SM3、SM9 密码算法均正式成为 ISO/IEC 国际标准。

二、发展特点

1. 电子认证服务机构利润水平趋于稳定

近年来，电子认证服务机构总利润水平趋于稳定，2018 年电子认证服务机构总利润达到 6.01 亿元，与 2017 年相比增长了 3.4%，但是相对于前几年的增长速度，2018 年电子认证服务机构利润水平增长有所放缓，2013—2018 年我国电子认证服务机构总利润及增长率如表 13-2、图 13-2 所示。电子认证服务机构总利润趋于稳定的原因在于：一是电子认证服务机构除了巩固现有市场，还加大资金投入，开发新产品、开拓新市场，企业在努力开源的同时，也在努力降低经营成本、提高生产效率和管理水平；二是电子认证服务机构的主流用户以政府和大型企业为主，在购买服务的资金支付、知识产权上都有较好的保证；三是互联网上的安全威胁愈发难以应对，越来越多的行业和领域愿意购买电子认证服务来保障网络应用的安全。

图 13-2 2013—2018 年我国电子认证服务机构总利润及增长率

（数据来源：赛迪智库网络安全研究所）

表 13-2　2013—2018 年我国电子认证服务机构总利润及增长率

年　　份	2013	2014	2015	2016	2017	2018
总利润（亿元）	4.09	4.98	5.23	5.65	5.81	6.01
增长率	69%	21.8%	5%	8%	2.8%	3.4%

数据来源：赛迪智库网络安全研究所。

2. 国产 SM2 密码算法的改造已经完成

自 2011 年国家密码管理局、工业和信息化部先后发布关于做好国产密码算法升级工作的相关政策文件后，国内各证书授权（CA）机构陆续启动了电子认证系统 SM2 密码算法升级的工作，研发了基于 SM2 算法的技术产品，并发放了一定数量的 SM2 数字证书。基于 SM2 算法的技术产品体系日益完善，电子认证服务业态初步形成。截至 2018 年 12 月，国内 45 家电子认证服务机构全部完成了支持 SM2 算法的电子认证系统升级改造工作，并且这些升级改造的电子认证系统通过了国家密码管理局的安全性审查。在进行电子认证系统 SM2 算法升级的同时，很多机构还研发或升级了基于 SM2 算法的技术和产品，包括证书应用接口技术、文件加密技术、XML 签名技术、电子签章系统、安全邮件系统、签名认证服务、安全认证网关、安全中间件、电子印章等。我国所有的第三方电子认证服务机构已经具备了 SM2 发证的完整技术基础，可以根据依赖方的对接要求，进行 SM2 算法的升级。

3. 企业在标准制定过程中参与度高

标准既是技术发展的产物，同时也影响技术的发展。为使制定的标准和当前技术能紧密结合、相互促进，企业参与标准制定是非常有必要的。在我国已经发布的电子认证服务相关国家标准中，标准制定者包括研究机构、高校及企业等。企业在标准制定过程中的参与度较高，起到了不可或缺的重要作用。据初步统计，绝大多数电子认证服务相关国家标准的制定都有企业参与，这其中有大约四分之一的标准是由企业主导制定的，相关企业包括天威诚信、北京 CA、吉大正元、创原天地、飞天诚信、信安世纪等电子认证服务上下游企业。

三、存在的问题

1. 电子认证新应用新模式拓展不足

大数据、云计算、移动互联网等新形态、新业务的迅速发展给网络空间带来了丰富的应用，形成了大量有价值的数据资产。随着人们生产生活与网络空间的紧密结合，各类安全风险也随之而来，网络安全保障需求与日俱增。这促使新的认证需求不断增多，推动了认证方式的多元化。实际上，除了基于 PKI 的数字证书认证方式，已经出现了短信验证码、动态口令牌、手机令牌、智能卡、生物识别等一系列认证方式。虽然这些认证方式在技术角度并不比电子签名安全性高，但大都针对特定的应用场景，加之都符合其自身安全要求，具备操作便捷、用户友好等特点，从而得到了广泛应用。然而，作为互联网环境下保障人们合法权益的重要手段，电子认证服务的应用模式较为单一，主要提供企业、自然人数字证书服务，应用范围也仅限于网络可信身份认证，相对狭窄。由于自身应用过程烦琐，在很多互联网应用中很难得到认可，电子签名相关应用尚未大规模开展，不利于行业的进一步发展。此外，我国电子认证服务机构多以政府部门自建或国有资产控股为主，在运营上有比较稳定的客户，经营收入方面不存在后顾之忧，容易满足现状，缺乏开拓新应用、新模式的动力，技术创新、业务创新明显不足。

2. 电子认证服务资金投入力度较弱

社会各界对电子认证服务重要性的认识仍然不足，认为电子认证服务仅仅是一项市场化活动，忽略了电子认证服务在网络信任体系建设中作为基础设施的作用，因而，对电子认证技术研发和创新、基础设施建设等方面的资金支持力度，与其他信息技术产业相比仍然较弱。政府通过资金补贴、项目支持等政策激励企业开发拥有自主知识产权的国产化技术和产品、搭建全国性的基础平台（如政府外网、内网访问控制平台、统一网络身份管理与服务平台等）的力度不强，在投融资渠道方面，风险投资、民营资本投入到电子认证服务业的力度也非常有限。

3. 电子认证服务专业人员严重匮乏

由于电子认证服务业是新兴服务业，社会上对电子认证服务的理解和重视程度还远远不够，加上我国相关学历教育尚不完善，未形成产学研结合的人才培养体系，岗位从业认证机制不健全，人才队伍建设尚不完善。同时，我国电子认证服务人才选拔和引进机制仍不完善，缺乏对现有人才队伍开展的专业化培训和继续教育，导致从事电子认证服务的专业人员严重匮乏。据统计，截至2018年12月，电子认证服务机构从业人员总数仅5000余人，其中，专业技术人员所占的比例不足30%。专业人才及既懂技术又懂管理的综合性人才短缺已成为制约行业发展的重要因素。

4. CA 机构面向市场的服务能力有待提升

"互联网＋"时代，传统行业与互联网深度融合，各种互联网应用层出不穷，信息化程度日趋深入。尤其是与云计算、物联网、大数据、移动电子商务等相关的新兴互联网应用，对数据保密、访问控制、责任追溯等有了更高的要求，而电子认证的数据加密、完整性认证、电子签名等功能正好契合了新应用的需求。如何适应新时代互联网的发展，如何在新兴领域中充分发挥电子认证的作用，是电子认证服务行业持续发展所面临的首要问题。传统的以签发数字证书为主的业务模式，难以满足新时期的市场要求，CA 机构不仅需要签发证书，还需要充分了解应用系统的业务流程和安全需求，并且有能力将证书应用在业务系统中，发挥证书在业务流程各个环节中的保障作用。这对认证机构技术研发能力、服务创新能力，以及从业人员的知识结构和综合素质都提出了更高的要求，需要认证机构掌握必要的核心技术，积累丰富的研发经验，培养一批专业的人才队伍。新时期，电子认证服务机构的能力建设将面临更大的压力。

第二节　产业发展状况

一、电子认证硬件市场增速有所回升

电子认证软硬件产品主要包括 USB Key、签名验签网关、SSL VPN 网关、CA 系统等。近年来，电子认证软硬件市场规模持续扩大，2018 年达到 193.2亿元，年增长率为 22%，与 2017 年的 10.5% 相比增速有所增加，2014—2018年我国电子认证软硬件市场规模及增长率如表 13-3、图 13-3 所示。USB Key的销售量在电子认证软硬件市场规模中所占的比重较大，主要是由于第三方电子认证服务机构，以及我国工商银行、建设银行、招商银行等几家大型商业银行依靠自建电子认证系统发放了大量数字证书，另外电子保险单"信手书"的

广泛应用，也增加了 USB Key 等相关产品的销量。同时，以新型 SIM 盾等微型安全载体为代表的手机盾等软硬件产品在 2018 年得到了迅速发展，由此带动了电子认证硬件市场规模的增长。

表 13-3　2014—2018 年我国电子认证软硬件市场规模及增长率

年　　份	2014	2015	2016	2017	2018
市场规模（亿元）	98	123	142.6	157.6	193.2
增长率	46.7%	25.5%	15.9%	10.5%	22%

数据来源：赛迪智库网络安全研究所。

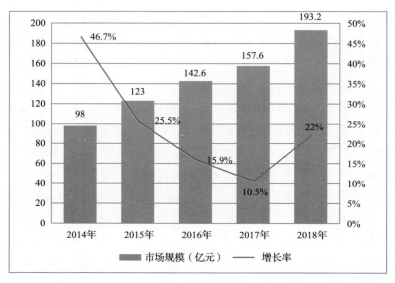

图 13-3　2014—2018 年我国电子认证软硬件市场规模及增长率
（数据来源：赛迪智库网络安全研究所）

二、电子认证服务市场营业额整体降低

电子认证服务机构是向社会公众签发数字证书，并提供签名人身份的真实性认证、电子签名过程的可靠性认证和数据电文的完整性认证服务的机构。电子认证服务机构除了能够直接解决应用方和用户的问题外，还是引导电子认证上下游技术和产品发展、拓展电子认证服务应用市场的关键。近年来，电子认证服务机构抓住网络化和信息化快速发展的契机，主动性、积极性迅速提升，不断拓展业务领域和范围，在新技术、新产品、新应用方面积极探索，电子认证服务市场不断扩大。传统的网上报税、网上银行、网上证券等业务继续发展，

移动互联网、医疗卫生、教育事业等新兴领域应用方兴未艾，经济效益日益显现。随着行业内企业数量不断增多、市场竞争加剧，并且由于国家大力推动"放管服"工作，深入优化营商环境，减少涉企收费，电子认证服务机构总营业额在 2018 年出现了略微的减少，2018 年电子认证服务机构的营业额为 53.1 亿元，增长率为 −4.2%，2014—2018 年我国电子认证服务机构营业额及增长率如表 13-4、图 13-4 所示。

表 13-4　2014—2018 年我国电子认证服务机构营业额及增长率

年　份	2014	2015	2016	2017	2018
营业额（亿元）	30	36	44.9	55.4	53.1
增长率	14.9%	20%	24.7%	23.4%	−4.2%

数据来源：赛迪智库网络安全研究所。

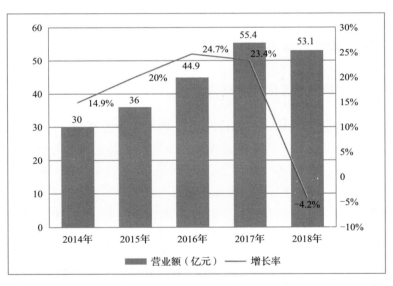

图 13-4　2014—2018 年我国电子认证服务机构营业额及增长率

（数据来源：赛迪智库网络安全研究所）

三、电子认证应用产品和服务市场变化明显

电子签名应用产品和服务是指基于数字证书的，提供身份认证、电子签名、信息加解密等应用功能的产品或服务，包括电子签章、电子合同、安全电子邮件、网络可信认证服务、时间戳等。我国电子签名应用产品和服务提供商主要分为两类：一类是以提供电子签名系统产品为主的专业安全产品提供商，包括

吉大正元信息技术股份有限公司、上海格尔软件股份有限公司、北京信安世纪科技有限公司、江西金格科技股份有限公司等，面向电子认证服务机构及各类用户提供解决方案；另一类是在电子认证服务机构发放的数字证书的基础上，开展其他服务的软件平台提供商，它们提供数字签名认证服务器、电子签章系统、统一认证服务器、时间戳服务器、身份认证网关等电子签名应用产品和服务。截至 2018 年 12 月，我国约有 20 余家电子签名相关企业，这些电子签名应用企业在技术上同质化较为严重，在国内有限的市场上，传统 CA、电子签章企业甚至互联网企业均投入一定资金进行此市场的开拓和布局。但随着有限的市场开拓结果、高强度的市场竞争及变现困难等情况的出现，电子认证应用产业会更加结合资本的助力，进行新领域业务的拓展。

第三节　应用发展状况

一、数字证书发放情况

1. 有效数字证书总量保持增长

2018 年，我国电子认证服务行业仍以 PKI 技术为基础，以数字证书为载体面向用户提供服务，数字证书的数量是衡量行业发展情况的一个重要指标。经过多年发展，数字证书不仅在金融、电子政务、电子商务等领域应用不断扩大，同时在移动互联网、医疗卫生、教育等领域也有了一定发展。

自 2013 年开始，我国有效数字证书总量保持平稳波动，2014 年稍有回落，2015 年重新呈现增长趋势，2016 年、2017 年继续保持增长。截至 2018 年 12 月，全国有效数字证书总量约 5.18 亿张，较 2017 年增长 52%，2013—2018 年我国有效数字证书总量及增长率如表 13-5、图 13-5 所示。据了解，2018 年数字证书统计量增加的原因是以天威诚信为代表的电子认证服务机构增加了大量的为互联网金融相关领域发放的个人证书与机构证书。

表 13-5　2013—2018 年我国有效数字证书总量及增长率

年　份	2013	2014	2015	2016	2017	2018
证书数量（万张）	28 944	28 295	32 000	33 880	34 100	51 818
增长率	231.5%	-2.2%	13.1%	5.88%	1.5%	52%

数据来源：赛迪智库网络安全研究所。

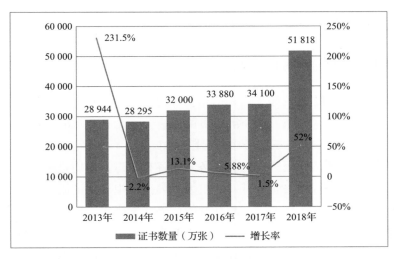

图 13-5 2013—2018 年我国有效数字证书总量及增长率

（数据来源：赛迪智库网络安全研究所）

2. 个人及设备证书量均保持增长趋势

从证书类型上看，数字证书主要分为个人证书、机构证书和设备证书（包括服务器证书、VPN 证书）。截至 2018 年 12 月 31 日，有效电子认证证书持有量合计 51 818 万张，较 2017 年增长了 52%。

其中，个人证书约 41 241 万张，机构证书约 10 275 万张，设备证书约 301 万张。我国有效数字证书仍以个人证书和机构证书为主，其中，个人证书数量受全国大面积推行公共资源交易平台及各种"互联网 +"服务的影响，较 2017 年增加了 48.3%，机构证书增长迅猛，较 2017 年增长了 74.1%，设备证书略有减少，较 2017 年减少了 17.3%。2013—2018 年我国各类有效数字证书量分布情况如表 13-6 所示。

表 13-6 2013—2018 年我国各类有效数字证书量分布情况 单位：万张

年 份	2013	2014	2015	2016	2017	2018
机构证书	2 178	2 658	3 125	4 431	5 900	10 275
个人证书	26 581	24 962	28 585	29 141	27 800	41 241
设备证书	186	218	290	308	364	301
总计	28 945	27 838	32 000	33 880	34 100	51 818

数据来源：赛迪智库网络安全研究所。

二、电子认证服务机构应用情况

1. 新增电子认证服务机构情况

截至 2018 年 12 月，经工业和信息化部批准，我国具有电子认证服务资质的企业共计 45 家，其中，2018 年新增两家，分别为：天津市中环认证服务有限公司和重庆程远未来电子商务服务有限公司。

新增加的电子认证服务机构的业务方向各有侧重，但均是依托主要股东的市场或技术积累进行相关业务方向的发力。天津市中环认证服务有限公司结合中环集团系统集成及新型电子产品开发的优势，发挥线下物联网相关业务拓展优势。重庆程远未来结合母公司宜信的 P2P 相关业务的积累，重点发力合规技术手段，协助降低母公司宜信的相关业务风险，从而创造效益。

2. 互通互认场景迅速增加

2018 年，全国电子认证服务机构均投入较多力量在本省或本机构内的数字证书互通互认方面。贵州、吉林、新疆等地以当地的公共资源交易中心为突破口，率先进行了多种数字证书互通互认的尝试，当地的省级、地市级公共资源交易平台互通互认应用迅速增多。

伴随全国"放管服"工作的深入，电子认证服务机构通过推动证书互通互认，以及发挥线下网点的专业服务力量，加强了对于公众用户的服务工作，包括开设服务热线，线下指导用户正确结合系统使用数字证书等，取得了较好的工作成果。

第四节　发展趋势

一、电子政务数字证书互通互认跨入快速发展阶段

2018 年 7 月 31 日，经李克强总理签批，国务院印发《关于加快推进全国一体化在线政务服务平台建设的指导意见》（发文字号：国发〔2018〕27 号，以下简称《指导意见》），该《指导意见》的附件还包含了《全国一体化在线政务服务平台建设组织推进和任务分工方案》。《指导意见》就电子政务服务平台"一网通办"做出了重要部署，并明确了部署任务的责任部门及完成时间点。其中，统一身份认证、统一电子印章、统一电子证照三项任务，试点地区、部

门应于 2019 年年底前完成，2020 年覆盖全国。电子政务数字证书是电子认证服务业的重要领域，国家政务服务平台将基于自然人身份信息、法人单位信息构建统一身份认证平台，打通电子政务中各区域的信息壁垒，从而推进数字证书的跨区域互通互认。

二、电子认证服务市场结构将进一步调整

随着国家"放管服"工作的推进，2017 年起，工商、税务等部门进行了电子营业执照及报税凭证的收费机制整改。特别是在 2018 年 4 月，国家税务总局发布了《关于落实第三方 CA 证书收费整改工作的通知》。政策的出台和调整对电子认证服务行业的市场结构产生了重要的影响。截至 2017 年 12 月，机构证书及个人证书在数字证书中的占比高达 98.8%，总数达 3.37 亿张。在各 CA 中，原工商、税务的证书所产生的业务量在部分电子认证服务机构中的占比约为 20% 至 40%。赛迪智库认为，2019 年之后，电子认证服务的市场结构将会出现调整。其中，电子政务（包括工商、税务等）相关部分的市场将进一步优化调整，部分自然人、法人领取的多种不同事项数字证书将会伴随"一网通办"工作的推进逐渐统一，部分以工商、税务电子证书为主营业务 CA 的证书量及营收会出现缩减。

三、服务器证书业务有望成为下一个新的增长点

随着个人隐私越来越受到人们的重视，在网络上使用明文传输网页数据逐渐被人们认为是不安全的行为。最近几年来，越来越多的网站开始使用服务器证书及 TLS 协议保证浏览网页的安全。谷歌作为互联网行业的领军企业，从微软的手中抢占了全球互联网浏览器超过一半的市场份额。以 Chrome 浏览器为抓手，谷歌推行了与微软 IE 浏览器的差异化竞争策略，以数据安全为切入点，谷歌努力将自己实现的 TLS1.3 草案推行成为互联网行业标准。而 TLS 的使用离不开电子认证服务机构颁发的服务器证书。我国绝大部分服务器证书市场均由外国厂商占领，国内 CA 机构参与的竞争并不充分，市场份额潜力较大。商业 CA 颁发的服务器证书售价较高，有充分的利润空间，在电子认证服务机构转型的过程中，服务器证书业务有望成为下一个新的增长点。

四、国产密码算法的配套标准及工具逐步成型

随着近几年的努力，我国国产密码算法的标准化工作一直在高速推进。2017 年 11 月 3 日，在第 55 次 ISO/IEC 联合技术委员会信息安全技术分委

员会（SC27）德国柏林会议上，含有我国 SM2 与 SM9 数字签名算法的 ISO/IEC14888-3 附录 1 获得一致通过，成为 ISO/IEC 国际标准，标志着我国向国际标准化组织（ISO）和国际电工委员会（IEC）贡献中国智慧和中国标准取得重要突破，将进一步促进我国在密码技术和网络空间安全领域的国际合作和交流。2018 年 4 月，我国提出的 SM9-KA（SM9- 密钥协商协议）纳入 ISO/IEC11770-3、ZUC 序列密码算法纳入 ISO/IEC18033-4、SM9-IBE（SM9- 标识加密算法）纳入 ISO/IEC18003-5，三项密码算法标准化提案获得国际立项，我国密码专家被任命为项目报告人。随着近年来分布式计算、超算的发展，国外密码界将以 RSA 为代表的传统算法升级为以 ECC 为代表的新一代算法的呼声越来越高。我国已经在标准和配套工具上做好了积累和准备，国密 SM2、SM3、SM4、SM9 算法有望在近几年算法升级的浪潮中，打破国外加密算法垄断各行业应用的格局，使我国电子认证服务业提前布局的国密算法系列证书得到更为广泛的应用。

第五节　发展对策及建议

一、完善配套政策法规、引导电子认证行业发展

电子认证服务业的发展需要多方面的保障和支撑，尤其是需要法律法规和相关政策方面的支撑，只有构建系统而完善的法律法规体系，才能充分保障电子认证服务业的健康、快速发展，促进行业应用，进而推动电子政务、电子商务等网络应用的发展。针对电子政务业务互通性差的情况，应当尽快围绕国发〔2018〕27 号《指导意见》的部署，进一步完善我国《电子签名法》《电子认证服务管理办法》《电子认证服务密码管理办法》等法律法规。为按部署推进"一网通办"工作做好法律法规方面的准备，同时将十九大明确的中国特色社会主义新时代发展思路及部署完善到法律法规当中去，为简政放权、放管结合、优化服务完善法律法规方面的依据。

二、进一步加强监管、提升电子认证服务行业标准

最近一年，国际政治局势、网络安全形势迅速变化。为了紧跟时代的发展，捍卫国家网络空间主权，我国于 2017 年 6 月 1 日正式实施了《中华人民共和国网络安全法》。电子认证服务业作为网络信任的重要支撑和信任根，其在网络安全中发挥的作用将愈发明显和重要。在工业和信息化部于 2018 年组织的

"双随机，一公开"检查情况的公示中，部分电子认证服务机构在运营管理及技术系统中存在隐患，部分管理制度执行不到位，部分技术没有跟上网络安全形势。随着公安部《网络安全等级保护条例》进入司法程序，"等保 2.0"时代即将来临的大背景，应对电子认证服务机构进一步加强监管，从而在国际网络安全问题突出的形势下确保我国网络身份信任根的管理安全和平稳运行。

三、规划新兴业务市场、倡导企业联合培育

《电子签名法》颁布十三年来，各省市地区的电子认证服务机构经历了充分的行业内竞争，已经成为红海市场。随着电子政务数字证书市场"一网通办""放管服"工作的深入推进，对于电子认证服务机构，应当在积极配合政府部门开展证书互通互认、减免收费的同时，对行业现状进行突破，开发以服务器证书为代表的新领域，创造出属于电子认证服务机构自己的蓝海市场，从而实现整个行业的持续发展。在开拓市场时，应当极力避免在新市场内盲目扩张、打价格战等短视行为。应倡导企业联合，从用户教育和市场培育做起，让用户充分了解电子认证服务机构及电子签名的法律效应、应用效果，培养用户的使用习惯，从而开拓出新兴业务市场。

四、重视可信运营队伍建设、构建网络空间信任基础

尽管近年来电子认证服务业发展良好，但整个行业中存在着重视市场开拓能力，轻视可信运营团队的状况。电子认证服务机构是我国网络空间的信任根，是构建网络可信空间体系的基础，优秀的管理和高质量的运营是企业立足的根本。一旦电子认证服务机构的运营出现问题，将会在全媒体时代快速传播曝光，直接导致该机构的信任流失乃至信用破产。而对于电子认证服务机构，这样的打击是致命的，信用问题将直接影响所有业务的开展，已经开展的业务也将面临用户的投诉与指责，甚至被国际的网络安全行业列入黑名单。在我国《网络安全法》实施的大背景下，电子认证服务机构的可信运营队伍重要性再度提高，应当大力加强 CA 运营队伍人才的建设，确保核心安全运维人员拥有扎实的知识、丰富的经验与可靠的品德，为国家网络空间安全战略打好信任基础。

五、试验互联网新技术、规划技术未来方向

2017 年起，以区块链为代表的互联网新技术得到了资本市场的青睐，产生了爆发式增长。区块链技术作为一种分布式账本的技术方案，具有开放、去中心、交易透明，以及数据不可篡改等特征，可能会对整个生产关系、社会结

构产生巨大的影响。电子认证服务业也应投入适当的精力预研、试点相关应用，探索可能的落地及应用模式，深入研究提出依托电子认证服务的区块链解决方案，推动 CA 机构积极参与到金融、电子商务等领域的区块链应用中去。

行业实践篇

第十四章

"一网通办"系统移动终端
电子认证应用

第一节　基本情况

贵州省电子证书有限公司（以下简称"GZCA"）成立于 2005 年 6 月，注册资本 3000.1 万元，是贵州省唯一一家获得国家工业和信息化部、国家密码管理局批准授权的第三方电子认证服务机构及电子政务电子认证服务机构，是贵州省网络信任体系建设基础设施的重要组成部分。GZCA 主要面向电子政务、电子商务、公共资源交易、医疗卫生及其他行业应用提供电子认证服务，在公共资源交易领域拥有成熟的 CA 互认项目经验，可在跨行业、跨部门、跨应用平台实现多 CA 互认互通的应用。

为构建贵阳一体化网上政务服务体系，实现政务服务"标准化、数字化、自流程化、智能化、可视化"，此项目按照统分结合模式推进贵阳市"互联网政务服务"，构建全流程一体化、规范化"一网通办"平台，加快推动各级政府部门业务信息系统接入"一网通办"平台，实行全市网上政务服务统一实名身份认证，实现企业和群众网上办事"一证识别""一网通办"。项目试点为贵阳市工商企业注册全程电子化系统移动终端电子认证，采用人脸活体识别、基于公安部鉴别系统的 OCR 身份识别、手机运营商实名认证核查等多重技术手段确保身份的真实性。

第二节 主要内容

随着移动智能终端的普及，网上办事大厅的应用也扩展到了智能手机终端。项目中智能手机终端的应用基于贵阳市工商行政管理局微信公众号，针对企业用户对企业申报材料的确认，需要确保用户身份的真实性，以及申报材料的法律效力。

在项目中，通过采用人脸活体识别、基于公安部鉴别系统的 OCR 身份识别、手机运营商实名认证核查等多重技术手段确保用户身份的真实性，同时使用手机端手写签名、事件证书、电子签章、时间戳、证据链绑定等技术确保企业申报材料的法律效力。

项目中手机端认证环境部署于 GZCA 的自建机房，市工商业务系统部署于市工商局机房，业务系统已于 2018 年 10 月上线运行，实现近万户企业上线办理业务。

在业务系统中，企业用户在首次使用手机端微信公众号访问工商网上办事大厅时，需要对用户进行身份识别激活，激活流程如图 14-1 所示。

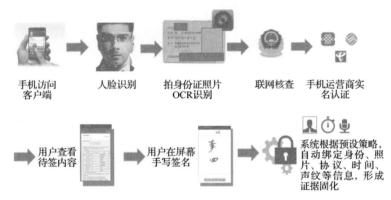

图 14-1 身份识别激活流程

（1）用户登录手机客户端访问工商微信公众号；

（2）人脸识别认证用户身份信息；

（3）OCR 身份识别：用户拍摄身份证照片并上传，后台通过联网公安部鉴别系统核验其身份信息；

（4）手机运营商实名认证核查：将手机号和用户填写的身份信息（姓名、身份证号等）联网提交运营商，运营商通过手机实名信息核验用户身份，同时发送随机码，认证手机用户；

（5）核验用户身份信息通过后，系统根据用户身份信息（微信号、身份证号码、手机号等可选）绑定，并将核验信息生成 PDF；

（6）用户查看包含核验信息的 PDF 并手写签名；

（7）系统方通过调用 GZCA 提供的接口，提供身份信息（微信号、身份证号、手机号等可选）做签章合成；

（8）GZCA 系统发放事件证书，在 PDF 上进行签名（包含证据信息的签名），生成最终的 PDF。

用户在通过身份识别激活后即可在手机端对所属企业申报材料进行签名确认，申报材料的任何字节被修改，可认证、可被发现。流程如图 14-2 所示。

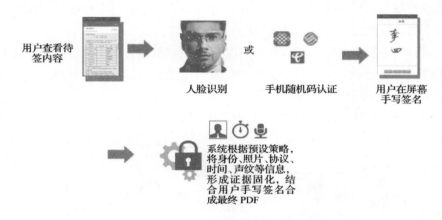

图 14-2　材料签名确认流程

（1）用户查看工商企业注册申请的待签文档（PDF）并准备签名；

（2）人脸识别认证用户身份信息，若认证通过，跳到第四步，若认证不通过，则使用手机随机码做认证，继续第三步；

（3）手机运营商实名认证核查：服务端发送随机码，认证手机用户；

（4）用户通过身份认证后手写签名；

（5）系统通过调用 GZCA 提供的接口实现签章合成；

（6）系统根据绑定的用户身份信息（微信号、身份证号码、手机号等可选）、手写签名及申报材料内容形成证据数字指纹（摘要值）；

（7）GZCA 根据证据数字指纹发放事件证书。并在 PDF 上进行签名（包含证据信息的签名），生成最终的 PDF；

（8）签名成功。

GZCA 可提供相应的司法鉴定服务，服务流程如图 14-3 所示。

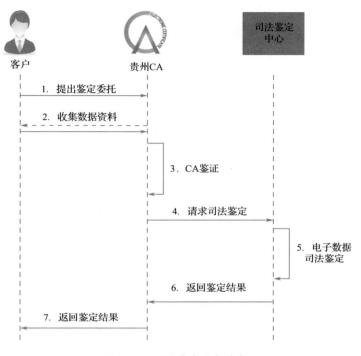

图 14-3　司法鉴定服务流程

第三节　经验效果

一、商业模式

在项目中，GZCA 采用"获客＋跨界＋延伸"服务的商业运营模式，即通过市场主体在工商行政管理部门诞生的特性为切入口，从源头截获市场主体客户，并提供更多的免费增值服务，让市场主体对基于数字证书的电子认证服务产生黏性，通过客户长期对数字证书的应用积累，自觉产生对电子认证服务的安全依赖习惯，夯实客户基础。然后在税务、社保、交通、住建、公积金等重要领域向客户开通跨界应用时提供有偿服务而产生收益，并在工商部门提供延伸服务，实现"一趟都不跑"的政府服务效能新模式，达到多元化的叠加收益经营效果。

二、社会效益

项目实现业务管理电子化和无纸化、实现诚信档案电子化；为用户移动端在线办事提供统一电子认证服务，提升了电子政务对公服务效率和网络信息安全水平，必将有效推动贵州省大数据产业的发展。

项目服务可覆盖全市电子政务领域，为企业及个体户等提供电子认证服务，实现了贵阳市广大市场主体用户登记办理需求全覆盖，具有广泛的潜在应用领域，为建设诚信社会、巩固信息安全保驾护航，汇聚政府、企业、个体的各类基础数据，互联网和物联网的行为数据，形成数据的金矿，为全国工商部门企业登记全程电子化的建设起到示范作用。

三、经济效益

项目的建设使企业可使用智能终端取得安全便捷的认证服务，最大限度节约了用户的时间、人工成本，规范了市场行为，提高了服务质量，促进信息化工作的健康发展，促进企业实现业务管理电子化和无纸化。对实现信息系统高效率、低成本运转具有重要意义，同时也将为软件开发、网络信息系统和信息服务开拓新的市场需求，产生可观的经济效益。

第十五章

上海市建设市场管理信息平台

第一节　基本情况

　　上海市数字证书认证中心（以下简称"上海CA"）成立于1998年，注册资本8658万元，是国内第一家专业的第三方电子认证服务机构，首批获得了电子认证服务许可、电子政务电子认证服务许可和电子认证服务使用密码许可等运营许可资质，更是国内首家通过国际WebTrust认证、提供全球数字证书信任服务的机构。公司主营业务包括电子认证服务、软件正版化服务、产品研发和应用集成服务等，现有从业人员近300人，形成了以上海为中心、长三角为重点、辐射全国的业务服务体系。成立以来，公司承担国家省部级科技专项20多项，取得发明专利、软件著作权、软件产品、商标等知识产权80多项，科技进步奖4项，主持编著行业、地方标准20余项，建立了全行业第一个工程中心——上海电子认证工程技术研究中心。公司先后获得高新技术企业、系统集成资质企业、明星软件企业、创新型企业、科技小巨人企业、国家信息安全应用示范工程先进集体单位、信息安全服务机构等多项荣誉资质。

　　上海市建设市场管理信息平台是上海住建委全面对接"一网通办"工作要求的重要抓手，是充分借助上海CA电子认证服务平台、多源认证平台和大家签平台等在线服务构建的综合服务管理平台。上海CA充分聚焦"身份可信""行为可信"和"结果可信"需求，建设平台基础模块，运用身份认证、权限控制、数字证书、电子签名、电子公章、个性签名、时间戳、电子证照等各类服务，支撑住建委的各项重要业务和应用的开展，实现了对建设市场的"项目全覆盖、管理全过程、部门全参与、服务全方位"的管理目标，有效地提升了建设行业在线业务安全性、可靠性和效率性。同时，用户无须额外下载 APP 软件，通过官方微信公众号就可进行大部分业务的在线办理，进一步提升了便捷性。2018年，平台在提高企业办理施工许可证效率方面形成的工作成果在世界银行最新的《营商环境报告》中得到了积极的肯定，助力相关指标较去年上升 51 位。

第二节　主要内容

一、项目背景

上海市住建委在建设市场管理活动中涉及大量的建设工程招投标、资质资格认定、行政审批事项、项目管理等业务，在传统工作模式中，审批材料主要通过线下受理方式进行递交、流转和审批，存在流程长、效率低等问题，同时对于各类材料的复印需求，也耗费了宝贵的社会资源和时间。为此，上海住建委积极寻求业务的在线解决方案以取代传统模式并开通了网上办事大厅，但各业务系统相对独立，内部、外部信息无法共享，在一定程度上影响了在线办事的效率。同时，网络身份可信、行为可信的问题也得不到有效的解决。根据新形势下加强建设市场在线业务管理的要求，普通的信息系统已不能满足建设安全可靠的市场管理的需要。按照国务院"互联网＋政务服务"的"优化再造政务服务，规范网上服务事项，优化网上服务流程，推进服务事项网上办理，创新网上服务模式"的指导要求，上海 CA 在原有信息系统的基础上通过一系列电子认证技术的集成应用，搭建底层基础模块，进一步提升平台建设的水平，建立满足"一网通办"推进需求的建设管理信息平台。

二、建设目标

整个平台项目的建设升级，以上海市住建委各应用系统、其他委办局间的资源共享和利用为基础，以信息、流程、应用的整合对接为主要手段，以强化过程监管为主线，以业务全流程在线为宗旨，力争实现"项目全覆盖、管理全过程、部门全参与、服务全方位"的线上管理目标。

三、建设内容

上海 CA 根据平台的不同业务需求，主要进行六个通用模块的建设，以支撑平台的各个子系统和应用服务，如图 15-1 所示。

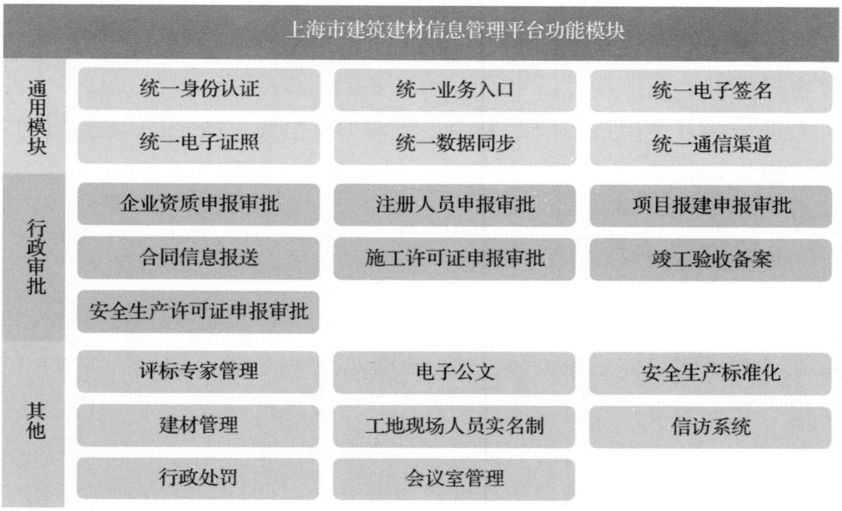

上海市建筑建材信息管理平台功能模块		
通用模块		
统一身份认证	统一业务入口	统一电子签名
统一电子证照	统一数据同步	统一通信渠道
行政审批		
企业资质申报审批	注册人员申报审批	项目报建申报审批
合同信息报送	施工许可证申报审批	竣工验收备案
安全生产许可证申报审批		
其他		
评标专家管理	电子公文	安全生产标准化
建材管理	工地现场人员实名制	信访系统
行政处罚	会议室管理	

图 15-1　信息管理平台功能模块

（一）统一身份认证

通过与上海 CA 各系统平台的对接，实现对企业、个人登录平台的统一身份认证。

企业用户通过"法人一证通"证书认证登录，并可根据不同的业务制定证书授权管理。"法人一证通"是上海市政府于 2012 年在全市实施的法人网上身份统一认证项目，"法人一证通"身份认证包含数字证书、电子印章等在内，以 USB Key 作为存储介质，涵盖了质监、工商、税务、社保等各主要政府部门的业务管理编码，便于各业务系统识别法人身份。

个人用户通过个人多源身份认证（人脸识别认证、手机号码实名认证等）登录，多源认证平台是全市性的个人网络空间可信身份服务平台，以自然人（居民身份号码）为中心确立网络空间主体和现实生活中人与组织的关系对应和归属，实现虚拟身份与社会身份的真实映射，在网络空间为各主体构建信任关系，为各类电子政务、电子商务等互联网活动提供统一的可信身份认证服务。

统一的身份认证入口，确保了用户信息的真实有效。同时，企业、个人用户在完成认证登录后，可在平台内进行各项业务的办理，不同业务系统、审批事项之间无须再次认证，提升了用户的使用便捷性。

（二）统一业务入口

上海住建委的在线业务涵盖了企业资质申报审批、注册人员申报审批、项目报建申报审批、施工许可证申报审批等多个具体应用，同时包括多个业务子系统，为进一步方便用户事项的办理，上海 CA 搭建了统一的业务总门户，组建了统一的业务框架。

（三）统一电子签名

上海 CA 以多年的电子签名业务经验为基础，提出解决上海市建设市场管理在线签名需求的总体思路，建立统一的电子签名渠道。通过上海 CA 的协卡大家签电子签名平台，为建设工程招投标、行政审批事项办理等在线业务提供电子签名服务。系统支持通过认证登录的企业法人和个人用户在互联网或移动网络中实施在线业务文件的电子签署及签署认证，保证了在线业务活动中相关电子文件的完整性、真实性和不可抵赖性，确保市场管理在线业务的安全性、可靠性和覆盖面。

（四）统一电子证照

上海住建委各项在线业务中，存在数十个审批业务涉及发证工作，考虑到平台整体对于电子证照业务的需求，上海 CA 为建设市场管理信息平台搭建了电子证照系统，实现"制证、管证、发证、认证、用证"一体化全生命周期流程管理并与全市电子证照库进行信息同步。通过该系统可实现"一键审批、自动发证"，制发的证照符合国际标准且支持微信公众号、网页等多种途径的认证方式，通过系统还可以实现对电子证照的定制化。电子证照系统对各类行政审批业务的无纸化改造提供了有力的支撑。

（五）统一数据同步

为实现企业、个人业务办理全流程在线的需求，上海 CA 充分借助自身在本地政务领域积累的业务优势和资源，为建设市场信息管理平台搭建了统一的对外信息交换平台，与市工商、人社、一网通办总门户、发改委等重要部门进行数据的对接交换。通过与各委办局间的信息互通，可在业务需要时调用企业工商营业执照、个人社保记录等信息，用户无须另外携带材料，为企业提供了便捷的业务办理体验。同时，信息交换平台设有全过程日志记录等功能，确保信息交换过程的安全可靠和过程可查，强化了对于业务办理流程的监管。

（六）统一通信渠道

为了更好地为用户服务，上海 CA 为住建委量身定制了一套统一通信平台，向住建委所有应用系统提供包括短信、微信、语音通知等通信服务。统一通信平台通过与第三方进行合作，实现统一调度，满足平台向用户进行短信发送、微信提示、语音电话拨打等对外通信需求。同时上海 CA 也为上海住建委进一步完善了"上海建筑业"微信公众号，通过关注该微信公众号，用户可以随时随地地在手机上进行事项查询、电子证照认证、在线咨询、接收提醒等操作，无须下载 APP 软件，极大地提升了用户体验度，提高了上海住建委对外的服务品质。

四、项目建设成果

依托于上海 CA 六大功能模块组成的基础平台，为建设信息管理平台的 11 个行政审批事项和近 50 项行政服务提供了有效的技术支撑，其中 6 项行政审批已经实现了全过程无纸化。

（一）项目应用覆盖进一步拓展

截至 2018 年 12 月，平台已累积服务企业用户超 5 万家，为个人用户完成认证登录超 200 万次，累计发放各类电子证照 4.5 万余张，通过平台系统上报的各类电子申请材料超 10 万份；同时，对外信息交换平台完成了与全市 14 个部门的对接，各项工作有序开展。

（二）服务体系建设进一步完善

因企业需要通过"法人一证通"证书登录信息平台，上海 CA 积极完善面向一证通用户的服务体系。上海 CA 在全市已设立了 24 个业务网点（见图 15-2），覆盖全市 16 个行政区，设有专业客户服务人员 120 余人，拥有月处理 10 万张证书业务的服务能级，能够满足全市企业对于办理"法人一证通"证书等业务的需求。

图 15-2　业务网点现场图

为进一步提升线下网点的服务能级，上海 CA 联合开发了线下智能终端（见图 15-3），首创一证通自助申领功能，借助于人脸识别、电子证照库调用、在线支付等功能，企业办事效率和体验进一步提升。

图 15-3　线下智能终端

（三）积极完善线上全流程服务功能

上海 CA 开通了 962600 服务热线向法人单位提供证书申请、办理、更新等业务咨询，设 50 个专业座席；开放微信服务平台向用户提供网点服务时间预约、服务流程查询、服务网点查询、服务解答、信息公告、服务满意度调查等。同时，项目针对业务高峰期间线下服务网点排队情况突出等问题，积极推动线上业务平台建设，解决办证手续复杂、周期长等用户痛点问题。2018 年 6 月，

"法人一证通"率先在诚信上海 APP 推出在线申办系统，成为国内第一个可在线办理的"法人一证通"项目；2018 年 8 月，在上海 CA 微信公众号内搭建的证书在线申请系统也完成建设并投入使用。在线办理系统具备每月处理业务超 1 万单的服务能级，有效减少了现场办理人数，进一步提升了工作效率和服务效率。

第三节　经验效果

建设市场管理信息平台是上海住建委依托全面创新改革试验先行先试氛围、响应"一网通办"工作要求的重要抓手，在各项电子认证技术深度应用的支撑下，上海建设管理信息化工作走在全国前列，在行业中形成了切合自身的特色亮点，建立了高效的工作机制，搭建了比较完善的支撑体系，推动了部门服务管理效能的明显提升。依托于基础模块的功能发挥，信息平台上还形成了一批在"互联网＋政务服务"领域向纵深发展的可复制、可推广的典型案例。

一、注册人员电子审批系统

近年来，由于住建部、人力资源部深化对建设工程类执业注册人员的管理，注册人员数量每年在逐步增加，各种广度、深度管理要求不断推出，存在问题日益突出。上海 CA 针对所产生的问题，为住建委开发了注册人员电子审批系统，通过引入上海 CA 的个人多源实名认证及"大家签"电子签署服务，申请人通过多源实名认证领取个人数字证书，然后申请人和注册企业分别对电子申请表进行数字签名，完成线上的申请操作；管理部门完成审批后，对电子证照进行数字签名盖章；最后申请人通过系统领取电子证照，从而实现整个申请审批流程全程电子化的要求，累计发放注册人员电子证照 2.5 万余份，审批管理效率大大提升。

二、施工许可证审批

一直以来，施工许可证的申请因材料多且杂，审批涉及部门多，导致整个审批流程耗时长。在上海市政府优化营商环境的相关要求下，上海 CA 对施工许可证审批系统进行了电子化改造，开发建设了全流程建设工程联审共享平台，基本实现社会投资项目全流程网上在线办理、在线审批，将原本需要企业提交的大量纸质材料进行电子化，并由企业通过法人一证通数字证书进行签名。通过联审共享平台，同时与多个相关审批委办局共享申请电子材料，既节约了企业线下重复递交材料的成本，也省去了委办局之间沟通的成本，通过系统改造，大量节约了施工许可证的办理时间，在世界银行对上海的营商环境评估中，该项改革创新起到了重要的加分作用。

第十六章

浙江省"最多跑一次"中的可信应用

第一节　单位基本情况

杭州天谷信息科技有限公司（以下简称"天谷科技"）成立于 2002 年，是全国领先的全生态电子签名服务商。天谷科技十五年专注电子签名一件事，为公用事业、互联网企业、大型企业、金融业等领域客户打造了完善的"电子签名＋电子数据"保全解决方案。

秉承"让签署更便捷，让信任更简单"的愿景，天谷科技致力于为客户创造最大的电子签名服务价值，以真诚的服务态度和专业的服务技能，为客户的数据信息安全保驾护航。截至 2018 年 12 月，天谷科技已经服务超过 100 万家企业用户，1 亿名个人用户，年签名服务量达 22 亿次。同时拥有多项发明专利和著作权，承担多项国家级课题，参与国家相关技术标准制定。

天谷科技协助浙江省行政首脑机关信息中心，共同打造浙江省政务服务网基础服务，建设了支撑政务服务网的核心部件电子印章平台（互联网和政务外网）、统一身份认证管理平台，同时协同其他厂商共同打造电子证照平台等，实现了浙江省政务服务网的支撑运行。

在未来，天谷科技致力于将浙江省"最多跑一次"的成功经验复制到全国各地，协助全国各地政务主管部门共同打造"互联网＋政务服务"体系。

第二节　项目主要内容

作为全生态电子签名服务商，e 签宝三大产品线分别是电子签名产品线、区块链电子数据存证产品线和电子合同产品线，并基于这三大产品提供增值法律服务。

一、项目背景

党的十八大以来，国家层面相继出台了一系列文件，旨在通过信息化手段解决网上政务服务不便捷、平台不互通、数据难共享、线上线下联通不畅、标准化规范化程度不高等问题，实现政务服务平台化、协同化、标准化、精准化和便捷化。从 2015 年开始，国家就在积极推进"互联网＋服务"，在《国务院关于积极推进"互联网＋"行动的指导意见》（国发〔2015〕40 号）中指出，积极发挥我国互联网已经形成的比较优势，把握机遇，增强信心，加快推进"互联网＋"发展。为加快推进"互联网＋政务服务"建设，国务院及有关部委陆续发布重要文件。在《国务院关于加快推进"互联网＋政务服务"工作的指导意见》（国发〔2016〕55 号）中指出，明确电子证照、电子公文、电子签章等的法律效力，积极推动电子证照、电子公文、电子签章等在政务服务中的应用。此外，《国务院关于印发政务信息资源共享管理暂行办法的通知》（国发〔2016〕51 号）要求，共享平台（内网）应按照涉密信息系统分级保护要求，依托国家电子政务内网建设和管理；共享平台（外网）应按照国家网络安全相关制度和要求，依托国家电子政务外网建设和管理。

二、天谷科技助力浙江政务服务网建设

作为试点区域，浙江省走在了全国前列，在探索中前进，其间走了不少弯路，但也取得了不错的成绩。根据浙江省网信办、省经信厅和省通信管理局联合编著的《浙江省互联网发展报告 2018》显示，浙江省在网民规模和互联网普及率、信息技术创新领域、政府数字化转型、网络综合治理等领域都走在全国前列。在浙江，可把这一政务工程叫作"最多跑一次"，真正实现居民和企业少跑腿甚至不跑腿即能把事办好。

截至 2018 年 12 月，浙江政务服务网平台注册用户数已超过 2500 万户，日均访问量超过 1200 万户。浙江政务服务网离不开天谷科技的服务支持，天谷科技协助浙江省行政首脑机关信息中心，共同打造浙江省政务服务网基础服务，建设支撑政务服务网的核心部件电子印章平台（互联网和政务外网）、统

一身份认证管理平台，同时协同其他厂商共同打造电子证照平台等，实现了浙江省政务服务网的支撑运行。

三、浙江政务服务网功能介绍

（一）统一身份认证助力浙江政务服务网实现"一号""一窗""一网"

浙江政务服务网建设之前，法人或自然人办事需要在不同政务机构的不同平台中分别注册账户，办事时需要分别在要办事的平台中进行登录，给用户造成诸多不便。浙江政务服务网建设完成后，通过天谷科技搭建的统一身份认证管理平台，实现了用户的统一身份，用户仅须在浙江政务服务网注册账户并进行登录，即可通过浙江政务服务网跳转到任何办事平台中进行办理，无须重复登录，真正做到一号响应、一窗搞定、一网通办。

（二）电子印章平台助力浙江政务服务网实现申报材料的合法有效

浙江政务服务网建设之前，各办事事项需要向对应的政务服务主管机构提交申报材料，有的通过柜台提交，有的通过邮寄材料提交。浙江政务服务网建设之后，逐步推进申报材料在线提交，通过在申报材料中加盖电子印章，配合浙江政务服务网实现申报材料的合法有效。

（三）电子印章平台助力政府内部行政审批电子化

以往，行政审批过程中，需要各审批人依次在纸质的审批表中签署审批意见，并手写签字。现在，通过天谷科技在政务外网中部署的电子印章平台，审批人员可以在行政审批系统中签署审批意见，并使用电子签章功能实现审批意见的电子化签署，在事后还可以进行审批意见的校验。

（四）电子印章平台助力跨部门联合审批

浙江政务服务网建设之前，对跨部门审批的事项，办事人员需要分别向不同的部门重复提交材料。浙江政务服务网建设之后，通过浙江政务服务网推行的跨部门联合审批，使得用户仅需在政务服务网申报一次材料，即可由多个主管部门进行审批。各审批部门通过电子印章平台实现申报材料同步过程中的身份认证及有效性认证。

（五）电子印章平台助力证照电子化

以往，政府机构完成审批后为办事人员（或机构）颁发纸质证照，需要通过人员上门领取或邮寄的方式进行。现在，浙江政务服务网逐步推行电子证照，主管部门通过电子印章平台对颁发的电子证照进行电子签章，通过在线的方式发放给办事人员（或机构），电子签章可实现电子证照的防伪、防篡改。

第三节　项目经验效果

一、统一身份认证

我们以企业办事为例来实际了解浙江政务服务网统一身份认证的实施效果。企业每个月需要向社保、公积金等机构申报缴存数据，以往企业需要分别登录社保和公积金平台进行办理。现如今，企业仅需通过浙江政务服务网进行一次登录，即可在无须再次登录的情况下分别跳转到社保和公积金平台进行办理。

二、在线提交申报材料示例

我们以"个人建筑 B 证聘用单位变更"为例来实际了解浙江政务服务网在线提交申报材料的实施效果。以往建筑师需要打印申请表，由聘用单位在申请表上加盖公章后提交到住建部门窗口。现在无须打印申请表，只须通过电子印章平台在申请表上加盖聘用单位的电子签章后，在线进行提交。电子签章保障申请表的合法有效，同时在事后可以认证申请表在签发后未被篡改，实现效果如图 16-1 所示。

三、行政审批电子化及跨部门联合审批示例

我们以民政局的"社会团体章程核准审批"为例来实际了解浙江政务服务网行政审批及跨部门联合审批的实施效果。本次示例的社会团体的主管机构为浙江省卫计委，因此需要分别通过浙江省民政厅和浙江省卫计委的审批。社会团体经办人员在浙江政务服务网上进行网上申请，提交一次申报材料即可，审批示例如图 16-2 所示。

图 16-1　在线提交申报材料示例

社会团体变更登记

权力编码	010009300░░░░░░░░░░░░	办件类型	承诺件
适用范围	涉及内容：　适用于申请社会团体的变更登记。 适用对象：　法人 　　　　　　法人		
权力事项类型	行政许可	权力来源	法定本级行使
受理机构	浙江省民政厅	决定机构	浙江省民政厅
责任处（科）室	社会组织管理局	事项审查类型	前审后批
申请方式	网上申请	联系电话	0571-░░░░░░░░

图 16-2　行政审批电子化及跨部门联合审批示例（1）

在审批过程中，浙江省民政厅统一受理审批并加盖电子印章，然后流转至团体主管单位进行审批加盖电子印章，最后将电子核准表流转至浙江省民政厅完成事项办理。联合审批表效果如图 16-3 所示。

社会团体章程核准表

社团名称	浙江省某食品协会				
统一社会信用代码	5133000851087073H7				
通过章程的会议情况					
会议名称	√会员大会　□会员代表大会		表决形式	无记名投票	
时　间	2017 年 1 月 1 日	应到人数	100	实到人数	100
赞同人数	99	反对人数	0	弃权人数	1
修改说明 （可另附页）	章程第一条 "XXX" 修改为 "XXX"； ●●●●●●●●●●●●● ●●●●●●●●●●●●●				
社团法定代表人签章： 社团盖章：	业务主管单位审查意见： （印章） 年　月　日　经办人：　　年　月　日				
登记管理机关审批					
承办人：　　　　负责人：					

图 16-3　行政审批电子化及跨部门联合审批表示例（2）

四、电子证照示例

电子证照在浙江政务服务网中使用广泛，下面分别介绍几个电子证照的实现效果，如图 16-4、图 16-5 所示。

（一）医疗机构执业许可证（电子版）

图 16-4　电子证照实例（1）

（二）二级建造师执业资格证（电子版）

图 16-5　电子证照实例（2）

第十七章

面向企业登记全程电子化服务的移动智能签名应用

第一节　单位基本情况

　　河南省信息化发展有限公司，又称河南省信息安全电子认证中心（以下简称"信安 CA"），成立于 2009 年 7 月 6 日，有技术研发人员 58 人、中高级人员 25 人，主要提供数字证书的发放和管理服务，同时还提供电子签名、身份认证等网络信任服务，业务涉及税务、公共资源交易、社保等多个电子政务领域，已有证书用户 40 多万户，累计发放证书 70 余万张。

　　信安 CA 已取得国家密码管理局、工业和信息化部颁发的《电子认证服务使用密码许可证》和《电子认证服务许可证》。其自主研发的 SHM1805 移动智能终端密码安全模块，通过 GM/T 0039—2015《密码模块安全检测要求》安全等级第二级相关要求。信安 CA 担任国家信息中心数字中国研究院副理事长单位、获得"30 年的信赖用户满意度调查优秀解决方案奖"等近二十项荣誉。

第二节　项目主要内容

一、项目背景及需求

　　随着移动互联网信息技术的发展，企业登记全程电子化不仅需要保障在

PC 端的全程电子化，还需要在移动端采取全程电子化，实现"一网办，不见面"的登记模式，那么为了确保用户在移动终端上身份的真实性，提交电子材料的完整性、机密性，以及不可抵赖性是项目的安全基石，为此，不得不考虑以下几点内容。

1. 提高移动智能终端身份认证的安全性

为防止对企业登记全程电子化服务平台的非授权访问，避免因非法用户造成重要敏感信息泄露或被篡改，需在移动智能终端建设具备高安全性、高可靠性的用户身份认证机制，保证登录系统各类用户身份的真实性。

2. 建立可靠的责任认定及抗抵赖机制

必须通过可靠的电子签名手段对业务中涉及的重要业务数据、操作日志数据进行存储和管理，保证数据的机密性和完整性。同时，保证对数据的操作记录能够实现事后可溯源、追责、审核，建立可靠的责任认定抗抵赖机制。

3. 确保移动智能终端电子签名的可靠性

电子认证推广和使用的过程面临的挑战主要有两点：一是合法性需求，电子认证的目的是通过电子化和无纸化方式取代传统业务模式，因此需要考虑在电子化的服务平台上使用合法的签名以满足数字化业务活动，例如，数据管理、业务操作等，同时，电子签名需要具有法律效力；二是符合传统签名业务习惯，电子认证签名方式不仅需要具有法律效力，还需要最大限度地符合传统签名的使用习惯。

4. 提供司法部门网络空间取证依据

企业登记全程电子化服务平台可以在出现法律纠纷时，为司法机构调查取证提供支持，同时能够完整地保存自然人的电子签名数据，并作为具有法律效力的电子证据。

二、手机盾应用方案

（一）手机盾概述

手机盾是实现传统 U 盾（USB Key）功能的手机密码技术。手机盾不依赖硬件密码芯片，将 PKI 密码技术与云服务技术相结合，用软件实现可靠的密码设备、密码运算和 CA 数字证书功能。手机盾为移动互联网应用提供了密码运算支撑能力，用于身份认证、电子签名、数据保护等，能为电子政务、银行、第三方支付、电子商务等提供安全、便捷的身份认证及交易认证服务。

（二）手机盾部署模式

手机盾 SDK 软件包集成在掌上工商 APP 中，在需要进行身份认证的环节，为企业登记全程电子化系统提供安全的身份认证服务。集成方式如图 17-1 所示。

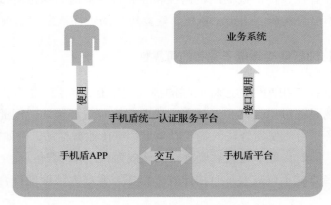

图 17-1　手机盾 SDK 软件包集成方式示意图

（三）手机盾关键业务流程

1. 注册、认证及下证

首先，用户将姓名、身份证号、手机号等身份关键信息，身份证正反面照片及手持身份证照片信息提交掌上工商 APP（集成了手机盾 SDK）。其次，认证通过后的申请信息通过移动数字证书平台提交给信安 CA，信安 CA 颁发证书并将证书自动下载至移动客户端。

注册认证详细步骤如下：

（1）用户打开掌上工商 APP，进行注册；

（2）填写姓名、身份证号、手机号等关键基本信息；

（3）拍照上传身份证正反面及手持身份证照片信息；

（4）将用户提交的信息与公安部人口库比对。认证通过后，把用户的身份证正反面、手持身份证照片通过移动数字证书平台传给信安 CA，CA 根据个人信息进行制证；

（5）证书和密钥自动上传至用户的移动终端，供用户使用；

（6）完成注册、认证及下证的过程。

具体流程图如图 17-2 所示。

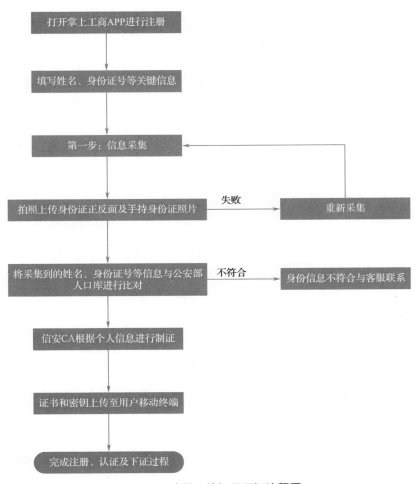

图 17-2 注册、认证及下证流程图

2.PC 端 WEB 应用调用手机盾登录

企业登记全程电子化服务平台登录方式有两种：基于传统证书登录方式和二维码扫码登录方式。移动端用户使用掌上工商 APP 扫描二维码，输入数字证书 PIN 码，在通过认证后可以成功登录。

登录详细步骤如下：

（1）PC 端业务系统在登录界面生成登录二维码；

（2）用户通过掌上工商 APP 扫描二维码，输入数字证书的保护 PIN 码；

（3）掌上工商 APP 发送登录请求信息到后台认证系统，对用户身份信息进行认证；

（4）后台认证系统将认证结果发送到全程电子化后台；

（5）全程电子化后台根据认证结果，允许或者拒绝用户登录。

具体流程图如图 17-3 所示。

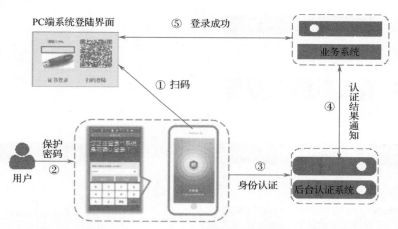

图 17-3　PC 端 WEB 应用调用手机盾登录流程图

3.PC 端 WEB 应用调用手机盾签名

在 PC 端扫码登录后，进行业务操作确认，在关键环节进行签名操作，通过掌上工商 APP，扫描二维码，并输入数字证书的 PIN 码，经过认证后，实现签名确认。

签名确认主要步骤如下：

（1）应用系统调用手机盾 API，申请签名二维码，返回二维码 URL 地址；

（2）应用系统发送二维码到浏览器，浏览器展现二维码图片；

（3）用户打开掌上工商 APP，点击扫码；

（4）用户输入密钥保护口令，获取密钥操作权限；

（5）提交认证处理信息；

（6）手机盾和云密码机配合完成密钥的协同计算；

（7）推送签名或认证结果到全程电子化系统。

具体详细流程图如图 17-4 所示。

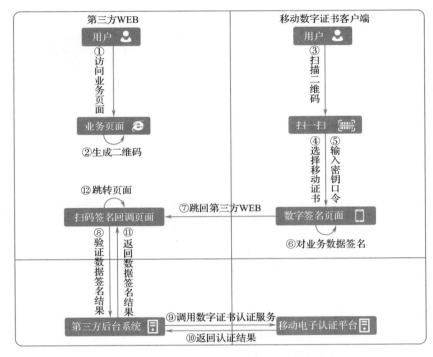

图 17-4   PC 端 WEB 应用调用手机盾签名流程图

4. 掌上工商 APP 调用手机盾登录

在掌上工商 APP 进行登录认证操作时，通过调用手机盾的数字证书进行确认，从而完成登录认证的过程。

登录详细步骤如下：

（1）用户申请登录业务系统时，掌上工商 APP 调用手机盾数字证书信息；

（2）掌上工商 APP 携带数字证书信息，向全程电子化系统发起登录请求；

（3）全程电子化系统将用户请求信息发送到后台认证系统进行认证；

（4）将认证结果返回全程电子化系统，确定是否合法用户，允许或者拒绝登录。

具体流程图如图 17-5 所示。

图 17-5　APP 调用手机盾登录流程图

5. 掌上工商 APP 调用手机盾签名

用户在工商 APP 上登录成功后通过调用手机盾证书实现签名盖章，并提交业务平台。业务平台对签名的有效性进行认证，认证通过后将其数据存储服务器。

工作人员可以有两种方式完成业务受理，分别是使用 PC 段 USB Key 登录业务系统进行受理，以及使用手机登录掌上工商 APP 进行业务受理。

登录详细步骤如下：

（1）用户阅读需要签名的文档信息；

（2）掌上工商 APP 客户端调用手机盾数字证书，输入数字证书保护 PIN 码；

（3）用户对文档进行签名 / 盖章操作；

（4）签名 / 盖章后的文档下载到全程电子化服务平台；

（5）经过后台认证后进行存储；

（6）内部工作人员可以通过掌上工商 APP/PC 端登录业务系统，进行业务处理。

具体流程图如图 17-6 所示。

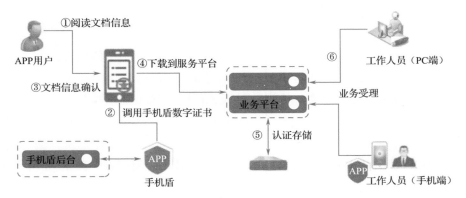

图 17-6 工作人员登录系统流程图

三、关键技术

（一）电子签名技术

电子签名是指数据电文中以电子形式所含、所附用于识别签名人身份并表明签名人认可其中内容的数据。换言之，电子签名是通过密码技术对电子文档的电子形式的签名，并不是书面签名的数字图像化，它类似于手写签名或印章，也可以说它就是电子印章。随着《中华人民共和国电子签名法》的颁布和实施，电子签名得到了明确的法律保护，电子签名和手写签名、盖章具有同等法律效力。电子签名技术应用原理如图 17-7 所示。

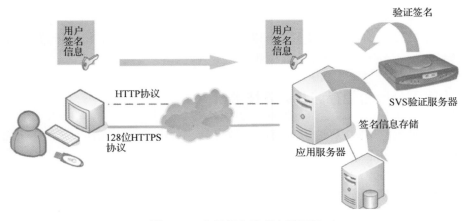

图 17-7 电子签名技术应用原理

（二）传输加密技术

客户端与服务端经常需要进行数据传输，涉及重要隐私信息时，为保证数据安全，需要对其进行加密。B/S 架构（浏览器和服务器架构模式）的应用系统采用 HTTPS 协议来加密所传输的数据。在浏览器和服务器之间，使用密码学技术建立 SSL 加密通道，对数据进行高强度加密，实现安全传输，保证其他人即使在截取到数据后也无法破解信息内容。加密通道采用的加密算法，可以使用 SM2、SM3、SM4 等国密算法。传输加密技术应用原理如图 17-8 所示。

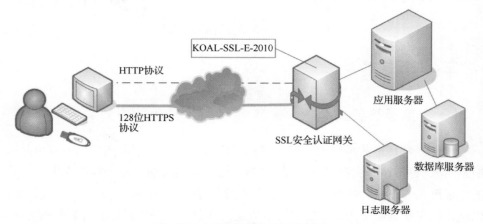

图 17-8　传输加密技术应用原理

（三）实时真随机数生成技术

随机数产生的方法有很多。可以通过 Linux 内容随机数、传感器数据及网络传输数据等系统共同生成真随机数。

（四）分散密钥存储及运算技术

手机盾通过 SM2 算法实现密钥分散存储，攻击者由于无法获取完整密钥而无法进行攻击，保证了密钥在设备存储和运算过程的安全性。

（五）模块自认证技术

手机盾模块实现了模块自认证技术。模块自认证技术主要是在模块启动中认证模块是否被篡改，以保证模块、软硬件和算法的完整性。只有模块认证通过后，模块才能被正常使用，否则模块会报错而无法使用。通过模块自认证技术保证了模块使用的安全性和合法性。

四、项目实现效果

河南省信息化发展有限公司参与该项目中电子认证的建设，使用自主研发的手机盾，利用移动终端（手机/PAD）来实现传统 U 盾（USB Key）的认证功能，通过手机盾与全程电子化系统的结合，实现了多种签名方式并存，方便用户和企业选择合适的方式进行电子签名。除了在线手写签名、河南省电子政务统一认证平台电子签名，系统还创新性地使用云签技术，通过发放手机证书实现无介质、零费用的电子签名，确保提交的材料具有不可更改性和不可抵赖性。

手机盾在工商全程电子化项目中的应用，实现了基于证书的身份认证登录、业务文件的签名、数据文件的加密功能，为河南、湖北、安徽、西藏、黑龙江等 14 个省份的工商局企业登记全程电子化服务平台建立了严密可信的电子认证体系。

第三节 项目经验效果

一、技术创新

工商局企业登记全程电子化服务平台项目中创新性地使用云签技术，利用移动互联网，实现了随时随地进行数字签名，有效解决了以前必须专门携带 U 盾等硬件介质的问题。手机现在成为公众必不可少的随身携带物品，同时作为证书介质，可以大大方便证书使用者。

二、行业影响

手机盾在工商局企业登记全程电子化服务平台的应用，使得全程电子化服务平台在安全性和便利性之间的平衡问题得以解决，为其他省份工商局在企业登记全程电子化改革中起到了模范带头作用，并成为各省份工商局在"放管服"改革和商事制度改革中可借鉴的成功案例。

三、产业升级

互联网移动化是趋势，移动互联网的安全问题也日益凸显，手机盾在全程电子化获得的成功，将会是推进"放管服"改革和商事制度改革，在移动端发展强有力的支撑，同时也可以促进 CA 产业的升级转型，并为之提供可参考的案例，增加 CA 运营商在移动互联网市场的竞争力。

四、商业模式创新

手机盾可以支持人脸识别、手机号认证、银行卡认证、支付宝认证等实名认证方式，可以在线申请、下载、更新证书，无须像传统 U 盾证书一样需要统一收集和制作后再分发，大大减少了证书维护工作量，有利于 CA 运营商在商业模式上进行创新，完全独立自主发展证书业务，而不受硬件制造商的限制。

五、经济社会效益

在企业登记全程电子化系统提交申请，借助掌上工商 APP 存储的数字证书，实现电子材料的盖章签名，不仅解决了用户和企业往返柜台办理的麻烦，而且也大大提升了工商局内部工作人员的工作效率。

第十八章

基于"互联网＋医疗"的可信医疗电子认证服务

基于"互联网＋医疗"的可信医疗电子认证服务项目为医院医疗信息系统提供一整套基于电子认证服务和电子签名技术的解决方案，以数字证书服务、数字签名认证服务器、电子签章和时间戳服务系统为核心产品，提供身份认证、数字签名、数据加密、时间戳、电子签章服务，从"可信身份、可信行为、可信数据和可信时间"四个范畴搭建医院可信医疗数据平台，从而真正实现医院信息系统的可信业务环境建设需求。

基于"互联网＋医疗"的可信医疗电子认证平台应用构建的医疗信息系统已在厦门市及广东省各大医院上线使用，厦门弘爱医院就是其中之一。厦门弘爱医院在 2018 年 4 月投入运营，是一家集医疗、急救、预防、保健、康复、教学、科研于一体的现代化三级非营利性综合医院。该医院的各个科室及软硬件配套的医疗系统已逐步建成，如医院信息管理系统（HIS）、检验系统（LIS）、电子病历系统等，保证医院信息化推进过程中数据的合法性、完整性。

除此之外，该项目还实现了可信医疗电子认证平台在医疗信息系统中的应用，致力于为医疗信息系统打造安全可信的卫生医疗环境，促进医疗机构的信息化发展及网络安全建设。

第一节　单位基本情况

深圳市电子商务安全证书管理有限公司（以下简称"深圳 CA"）正式成立于 2000 年，是经工业和信息化部及国家密码管理局批准成立的认证机构。深圳 CA 具有工业和信息化部颁发的电子认证服务许可证资质和国家密码管理局颁发的电子认证服务使用密码许可资质、电子政务电子认证服务许可资质，以及国家卫健委颁发的卫生系统电子认证服务资质，专注于在电子政务和电子商务领域为用户提供电子认证服务。

深圳 CA 履行《中华人民共和国电子签名法》《电子认证服务管理办法》等法律法规要求，为用户提供涵盖电子认证服务和电子认证产品的整体解决方案，已在"互联网＋金融""互联网＋医疗"、区域认证平台、政企信息化、社保/公积金信息化、电子招投标、金融、供应链等领域为超过 7000 万用户（包括机构、个人与设备）提供电子认证服务，业务覆盖全国 20 多个省，是国内首个开展跨境电子认证业务的机构。

第二节　项目主要内容

一、项目背景

随着国家医疗政策的不断推进，公共卫生、疾病防治等工作进一步得到加强，促进了医院业务信息系统等软硬件设施的完善和优化。按照《卫生部办公厅关于做好卫生系统电子认证服务体系建设工作的通知》和广东省卫生厅要求，在医院信息管理系统中，均需要采取电子认证技术有效防止假冒身份、篡改信息、越权操作、否定责任等问题的出现。基于"互联网＋医疗"的可信医疗电子认证服务项目，依据《中华人民共和国电子签名法》《卫生系统电子认证服务管理办法》及相关标准规范要求等，在医院信息管理系统中引入 CA 认证，基于电子签名技术解决病患无纸化签署中假冒身份、篡改信息、否定责任、电子签名缺乏法律效力等问题，有效保障医院信息化建设过程中医疗服务的顺利开展。

二、项目概述

基于"互联网＋医疗"的可信医疗电子认证服务项目为医院医疗信息系统提供了一整套基于电子认证服务和电子签名技术的解决方案。在该方案中，电子病历、知情同意文书签署采用"即看、即认证、即签名"的方式，通过深圳 CA 提供的手写签名屏及自助式实人身份核验终端（身份证读取、指纹采集、活体图片采集等），在患者手写签署的节点上，一体化完成用户身份认证、CA 文件证书签发、手写签名确认、数字签名保障的绑定应用。知情同意书签署过程中，病患 / 家属的身份信息采集与认证问题通过自助式实人身份核验终端由医护人员指导完成，病患 / 家属只需要在可视化手写屏上浏览文书，确认后签上自己的名字即可。

依据《中华人民共和国电子签名法》《卫生系统电子认证服务管理办法》及相关标准规范要求等，引入第三方电子认证服务，基于电子签名技术解决病患无纸化签署中假冒身份、篡改信息、否定责任、电子签名缺乏法律效力等问题，有效保障医院信息化建设过程中医疗服务的顺利开展。

三、总体架构

基于"互联网＋医疗"的可信医疗电子认证服务平台的总体架构如图 18-1 所示。

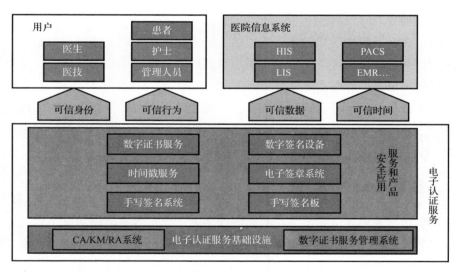

图 18-1　可信医疗电子认证服务平台的总体架构

● 可信身份服务为医院信息系统解决行为人的身份凭证及凭证认证问题。医院通过接入第三方数字证书服务，部署数字证书受理点，为医生发放数字证书身份凭证；医护人员使用数字证书登录医院信息系统，医院信息系统通过电子签名客户端，实现强身份认证。

● 可信行为服务为医院信息系统解决医疗行为可追溯问题。医生在电子病历等医院信息系统中所进行的关键操作，通过电子签名客户端完成数字签名。

● 可信数据服务为医院信息系统解决医疗数据可信化、合法化问题。通过在医院信息系统集成数字签名认证服务器，实现处方、医嘱、病程记录等关键医疗数据的可信化转换，使之符合《电子签名法》对可信数据电文的要求。

● 可信时间服务为医院信息系统解决医疗行为时间准确性和真实性问题。医院信息系统保存的医疗数据，需要加盖可信时间戳，确保此操作记录的时间可靠性。

四、建设方案

厦门弘爱医院电子认证服务项目的建设包括以下两个方面。

1. 发放数字证书，提供强身份认证和电子签名工具

在医院内部建设数字证书临时受理点，通过第三方 CA 机构深圳 CA 为相关各方发放证书，搭建医院电子签名基础环境；为医护人员提供强身份认证和电子签名工具。

（1）在医院集中受理数字证书申请。为方便医院用户数字证书的申请、发放和后期服务，根据医院的需要在医院内部设立数字证书临时受理点，集中批量受理医院用户申请数字证书的需要。

（2）提供数字证书在线运营服务。为配合弘爱医院的医护人员更好地使用数字证书，深圳 CA 将开放网上服务厅，为弘爱医院的证书用户提供网上在线续期、变更、解锁、注销等数字证书服务。

2. 部署实施电子签名部件，建设电子认证服务平台

提供数字签名认证服务器、时间戳服务器、手写签名系统和电子签章系统等电子签名部件，供医疗信息系统调用，实现医疗信息系统安全登录、电子签名和可信时间戳等。结合医院情况，系统结构设计如图 18-2 所示。

（1）利用数字签名认证服务器实现安全登录、数字签名和签名认证。通过部署数字签名认证服务器，实现重要电子病历业务环节的签名和认证，确保数据的完整性和隐私保护。

（2）利用时间戳服务系统和标准时间源设备实现全院时间同步和可信时间应用。通过部署标准时间源设备，保证医院获取权威、统一、精准的时间信息，

为实现医疗数据时间认证需求奠定坚实的基础。通过集成时间戳服务系统，为诊疗数据提供时间戳认证。

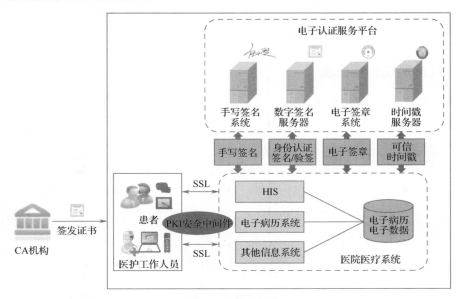

图 18-2　系统结构

（3）在医疗信息系统中集成电子签章系统。通过在电子病历等医院信息系统中集成电子签章系统，可实现电子签名的可视化显示。通过在医院部署电子签章管理系统，方便医院自行进行签章图片的制作，实现医院对签章图片和签章范围的管理。

（4）在医疗信息系统中集成手写签名系统。通过在医院部署深圳 CA 手写签名系统，利用深圳 CA 提供的手写签名系统获取手写签名图片，并以电子签章形式签署在电子病历中，与手写签名板、高清摄像硬件产品相结合，采集患者手写原笔迹签名、指纹、视频、照片等信息确保患者身份的唯一性，保障患者无纸化手写签名的合法性和有效性。

（5）事件证书保障患者签署的合法性。由深圳 CA 证书服务器为患者签发一次性事件证书，证书对提交到服务器的手写笔迹签名、指纹、照片、位置定位等组合信息进行数字签名和加密，保障患者无纸化签署行为的合法性和不可篡改性。

（6）构建安全的 SSL 传输通道。采用 SSL 协议保证数据交互、传输的完整可靠，通过 SSL 证书在签名客户端与服务器之间建立一条安全通道协议，该安全通道协议主要用来提供对用户和服务器的认证，对传送的数据进行加密和隐藏，确保数据在传送中不被改变，确保数据的安全完整性。

（7）蓝牙 KEY 证书满足移动端应用。通过为医生、护士配备蓝牙 KEY 证书，以及蓝牙 KEY 证书与移动智能终端设备的配合，满足医护工作人员移动查房、移动护理工作的签名需要，确保数据的合法性、不可抵赖性。

五、系统应用部署

系统应用部署如图 18-3 所示。

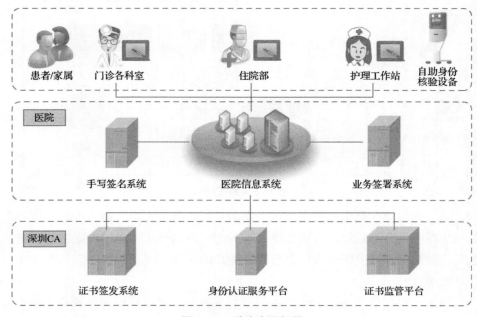

图 18-3　系统应用部署

1. 部署自助身份核验设备

采用"身份证识读 + 人脸识别 + 指纹识别认证终端"的身份信息核验终端（见图 18-4），主要由自助终端的身份证读取模块、人像信息采集模块、指纹采集模块，以及后端人证合一身份认证核查模块组成。该设备部署在医院开放区域（根据医院需求量配备台数），患者及其家属根据设备屏幕提示，完成前端身份证信息、脸部特征、指纹信息等个人信息采集并传递到后台，后端人证合一身份认证服务平台与公安部公民身份数据库及银联身份信息库相连，支持将人脸特征码（或人脸图像）和身份证信息通过专网传输至公安部公民身份信息库进行比对认证，可以有效核验当前个人身份信息的真伪。

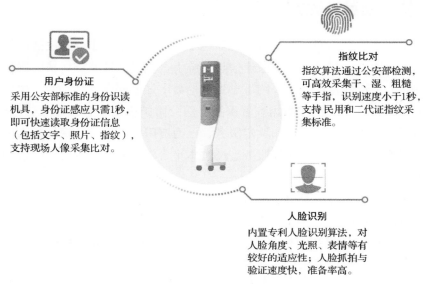

用户身份证
采用公安部标准的身份识读机具，身份证感应只需1秒，即可快速读取身份证信息（包括文字、照片、指纹），支持现场人像采集比对。

指纹比对
指纹算法通过公安部检测，可高效采集干、湿、粗糙等手指，识别速度小于1秒，支持民用和二代证指纹采集标准。

人脸识别
内置专利人脸识别算法，对人脸角度、光照、表情等有较好的适应性；人脸抓拍与验证速度快，准备率高。

图 18-4 身份信息核验终端

2. 集成业务签署系统

根据医院医疗系统的需求，在院方部署深圳 CA 业务签署系统，作为承接各个医疗系统与 CA 证书监管平台的枢纽，通过接口从深圳 CA 证书监管系统调取用户证书，完成对相关电子病历、知情同意书等文档的在线电子签名，保障电子签署行为的合法性、不可抵赖性、信息完整性、私密性等。

3. 集成手写签名系统

通过在医院部署深圳 CA 手写签名系统，利用深圳 CA 提供的手写签名系统获取手写签名图片，并以电子签章的形式签署在知情同意书上，与手写签名板产品相结合，采集患者手写原笔迹签名、指纹等信息确保患者身份的唯一性，保障患者无纸化手写签名的合法性和有效性。

4. 集成 CA 相关接口

通过在医院信息系统集成深圳 CA 相关接口，实现用户身份核验、证书申请、在线签发功能，通过相应证书调用接口，实现证书的电子签名、验签功能。

第三节　项目经验效果

基于"互联网＋医疗"的可信医疗电子认证服务项目主要解决医院信息系统中的安全隐患，在各大医院医疗信息系统引进电子认证服务解决方案，搭建功能完整、标准规范统一、系统可靠先进的数字证书安全认证平台，提供可信医护人员身份认证、医疗数据签署保护、医疗防护机制、患者个人隐私保护、可信时间戳、可信证据固化和鉴定服务，已为厦门弘爱医院、深圳市人民医院等 150 多家医院提供电子认证服务。通过本平台，主要为医院及医疗机构解决了以下问题。

（1）采用数字证书身份认证，确保医疗系统中医生、护士、医院领导等其他终端用户登录医疗平台时的身份真实可靠；

（2）在医疗信息系统中引入 PKI 公钥技术体系，对医疗系统中医嘱、知情书及各类检测报告等医疗数据进行有效的数字签名，保障医疗数据签署的合法性；

（3）基于电子签名技术，让医生与患者认可所签文档的内容不可抵赖，签章／签名信息无法复制与伪造／冒充，协议文档一旦被修改立即失效，确保所有医疗数据的真实性及完整性；

（4）在终端与系统数据传输过程中，构建高安全性的 SSL 数据加密传输通道，保障患者个人隐私的安全性；

（5）引入国家授时中心权威的时间源，为医疗数据的生成、保存、访问等事件记录提供时间戳服务，增强医疗数据的真实性和操作行为的可追溯性；

（6）为医院提供电子证据固化和司法鉴定服务，医疗信息系统签署的电子证据实时上传到可信电子存证固证平台，为医院电子证据的举证和鉴别提供司法鉴定服务，有效解决医疗纠纷；

（7）为医院提供一个安全、可靠、可信的医疗信息系统电子认证服务平台，解决医疗系统存在的信息安全隐患，有效避免医疗纠纷的发生，为医患双方提供可信身份、可信行为、可信数据、可信时间的安全保障。

基于"互联网＋医疗"的可信医疗电子认证服务项目实现了可信医疗电子认证平台在医疗信息系统的应用，致力于为医疗信息系统打造安全可信的卫生医疗环境，促进医疗机构的信息化发展及网络安全建设。

第十九章

安心签电子合同签署平台

　　安心签电子合同签署平台是由中国金融认证中心建设、运维、管理的第三方电子合同服务平台，以电子签名技术为核心，为用户签发数字证书并提供数据电文或电子合同文件的在线签署、存储和管理服务。安心签是一款集合签名验签系统、电子签章系统、时间戳服务器、数字证书及安心盾等多个配套产品的电子合同平台。安心签基于密码学原理，实现对电子合同签署者的身份认证，防抵赖、防篡改、防伪造，保障电子合同内容的真实性、完整性、机密性。安心签符合我国《中华人民共和国合同法》（以下简称《合同法》）、《中华人民共和国电子签名法》等法律规范，所签署的电子合同与传统的纸质合同具有同等的法律效力，为电子合同签署者提供完善的司法保障。

第一节　单位基本情况

　　中国金融认证中心（以下简称"CFCA"），是由中国人民银行于 1998 年牵头组建、经国家信息安全管理机构批准成立的国家级权威安全认证机构，是国家重要的金融信息安全基础设施之一。在《中华人民共和国电子签名法》颁布后，CFCA 成为首批获得电子认证服务许可的电子认证服务机构之一。截至 2018 年 12 月，超过 2400 家金融机构使用 CFCA 的电子认证服务。公司业务涵盖七大业务板块，即电子认证服务、互联网安全支付、信息安全产品、信息安全服务、大数据服务、互联网媒体及软件测评。

第二节　项目主要内容

一、项目应用背景

合同已成为人们的合作中使用最广泛的契约形式。传统的商务模式都是面对面地完成合同签订，或者通过传真、邮寄等方式传递合同。这种方式效率较低，并且合同上加盖的印章是否真实也很难鉴别，合同管理成本相对较大。传统的合同不能满足"安全、高效、及时"的业务要求。

安心签电子合同签署平台是由 CFCA 建设、运维、管理的第三方电子合同服务平台，以电子签名技术为核心，为用户签发数字证书并提供数据电文或电子合同文件的在线签署、存储和管理服务。

安心签电子合同签署平台基于密码学原理，实现对电子合同签署者的身份认证，防止抵赖、防止篡改、防止伪造，保障电子合同内容的真实性、完整性、机密性。

安心签电子合同签署平台符合我国《合同法》《电子签名法》等法律规范，所签署的电子合同与传统的纸质合同具有同等的法律效力，为电子合同签署者提供完善的司法保障。

二、需求分析

1. 身份认证

确认合同签署者的真实身份是电子合同的基础需求。身份认证的目的是将签署者的真实身份信息以电子数据的形式展现。身份认证需要满足三个方面的需求：

（1）确认签署者的真实身份；

（2）签署者知晓并同意使用电子数据代表其身份；

（3）该电子数据不能被伪造、冒用、篡改。

2. 真实完整

保障电子合同的真实性、完整性是电子合同的核心需求，包括两个方面：

（1）对电子签名的任何改动都能够被发现；

（2）对电子合同内容和形式的任何改动都能够被发现。

3.数据安全

保障电子合同数据的安全是电子合同的重要需求，包括两个方面：

（1）保证电子合同在生成、传输、存储等过程中安全可靠；

（2）保证电子合同仅由相关方查阅，不被非法者窃取。

4.法律效力

保证电子合同与纸质合同具有同等的法律效力是电子合同的关键需求。在合同签署方发生纠纷时，电子合同能够作为有效的司法证据，证明如下三个方面：

（1）证明电子合同的签署者；

（2）证明电子合同的签署时间；

（3）证明电子合同的真实内容。

三、关键技术设计

（一）身份认证

1.基于银行卡认证

银行卡认证的业务目的：认证"姓名＋身份证号＋银行卡卡号＋手机号"四项信息（四要素）的一致性。认证流程如图19-1所示。

图19-1　基于银行卡认证流程

（1）持卡人在业务系统网站或移动APP注册后，进行银行卡认证操作，输入姓名、身份证号、银行卡号、手机号、开户行；

（2）业务系统向网络可信身份认证平台发起银行卡认证请求，网络可信身份认证平台传送请求至银联银行卡认证服务，记录认证日志（包括操作者、操作类型、操作时间、操作结果及备注信息）；

（3）网络可信身份认证平台返回银行卡认证结果。

2. 基于生物识别技术认证

通过人脸识别技术进行活体认证，并与公安部留存的身份证照片进行对比。该方式的优点是通过刷脸即可证明身份，简单易行，但易受外界因素干扰，因此可作为远程身份认证的一种辅助手段，结合银行卡信息核验，实现多因子交叉认证，确保用户的真实身份。

（二）电子认证

我国《电子签名法》第十六条规定：电子签名需要第三方认证的，由依法设立的电子认证服务提供者提供认证服务。CFCA 是经国家信息安全管理机构批准成立的国家级权威安全认证机构，是国家重要的金融信息安全基础设施。安心签作为 CFCA 官方提供的第三方电子合同平台，采用 CFCA 数字证书作为用户身份的标识，将用户身份信息以电子化的形式展现。

（三）电子签名

安心签采用标准电子签名技术，调用用户数字证书完成对合同的电子签名。通过电子签名保障合同的真实性、完整性，能够发现电子签名合同的任何改动。

安心签提供五种电子合同签署方式：合同模板签署、自定义合同签署、分步签署、本地签署、页面 /APP 签署，可适用于各种应用场景。

（四）数据安全

安心签采用 CFCA 为银行和金融机构提供的同等级别的数据安全方案，保障合同的生成、传输、存储等各方面的数据安全。

1. 系统可用性

安心签提供 7×24 运维服务，安心签全年系统可用性 99.9%，根据国家法律法规要求及时升级系统，系统升级时间符合系统整体升级安排。

2. 通信线路保障

系统电信、联通线路双路部署。所有网络设备均采用双机热备方式，故障时自动切换。

3. 全面的监控体系

标准化监控、性能管理工具对应用系统的标准 IT 组件资源（CPU、内存、I/O 等）、标准协议、日志等进行监控。

4. 系统备份

安心签系统建设有同城异地灾备中心。安心签系统主服务位于北京上地数据中心，并在北京亦庄建设有同城灾备中心，在上海建设有异地灾备中心。灾备建设按照《信息安全技术信息系统灾难恢复规范》第五级实现实时数据传输及完整设备支持。

（五）司法保障

在安心签签署的电子合同，如果合同相关方发生纠纷，安心签可以对电子合同进行认证，出具权威的电子签名认证报告。同时，安心签与司法鉴定机构合作，可为电子合同出具司法鉴定报告。

（六）应用模式

安心签以服务的方式向客户提供，客户平台集成安心签 API，调用安心签服务，实现用户注册、数字证书管理、合同签署等功能。安心签由客户平台进行调用，前端包括电脑端和移动端应用，主要架构如图 19-2 所示。

安心签支持移动端（iOS、Andriod、Windows Phone）、电脑端（Windows、Mac）。应用方式如下：

（1）在 APP/ 客户端对用户进行实名认证，将用户的真实身份信息（姓名、证件类型、证件号码、手机号码 / 邮箱地址等）发送到安心签，安心签为用户生成数字证书。

（2）合同签署时，对用户身份进行识别，通过短信验证码、用户指纹、人脸识别等方式认证用户，确认用户身份。

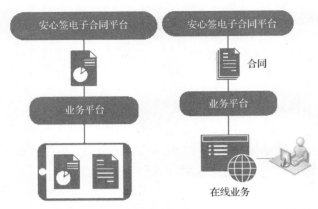

图 19-2　主要架构

（3）认证用户身份并获得用户授权后，客户平台调用安心签服务，调用用户数字证书对电子合同进行签署，形成电子签名合同。

（4）可以集成安心签 PDF 包，在 APP/ 客户端对电子合同进行展示和签名认证。

第三节　项目经验效果

安心签电子合同签署平台是一款集签名验签系统、电子签章系统、时间戳服务器、数字证书及安心盾等多个配套产品的电子合同平台。安心签基于《电子签名法》，将传统的纸质合同转变为电子合同，将传统的手写签名转变为数字证书电子签名，使得电子合同与纸质合同具有同等的法律效力。通过电子合同平台，身处异地的合同各签署方可以及时、便捷、安全、高效地完成合同签署的全过程。同时，安心签也能降低传统纸质合同在寄送、保管过程中的篡改、丢失风险。

安心签在设计之初就充分考虑到电子合同的业务特性，保证安心签所使用的电子认证、电子签名技术更加符合业务需求。安心签可根据客户的特殊需求，向客户提供 Adobe 专业文档签名证书。该证书已经通过 Adobe 官方认证，使用该类证书在安心签上签署的合同，被 Adobe 官方阅读器 Adobe Reader 默认信任。这一优势是国内其他电子认证机构及电子合同平台所不具备的。

第二十章

可信身份服务平台

可信身份服务平台由中国电子信息产业发展研究院主办、南京壹证通信息科技有限公司承担建设、运营及技术服务。公司将数字证书、AI 人像活体、在线身份核验、区块链存证等技术结合为一体，建设运营可信身份认证服务平台。平台基于 OAuth2.0 身份认证，采用 AI 活体技术，与公安、电信运营商等权威认证源对接为用户提供实人（实名）核验。并提供数字证书在线签发、数字签名使用、时间戳等功能。平台还联合鉴证单位、数据中心提供证据保存或区块链存证服务。

在此基础上平台开发了移动客户端，并实现在 PC 上使用移动客户端数字证书的新功能，从而实现跨系统、跨平台的可信身份认证服务，并开拓了电子认证服务在移动端应用的新模式，为电子政务、电子商务、企业信息化的发展构建安全、可靠的信任环境。

可信身份服务平台可以提供可信身份服务、基于统一认证的多 CA 互通互认服务、支持多 CA 的数字证书 PKI 服务及相关平台管理功能。

第一节　单位基本情况

南京壹证通信息科技有限公司是一家专注于可信认证及 PKI 技术的创新型互联网科技公司，致力于推进数字证书和可信身份属性的应用和发展。公司以"诚信为本、创新发展、追求卓越、合作共赢"为理念，以高度的使命感、责任感为用户和社会提供安全满意的产品和服务，在信息安全领域谋求长足的发展，为中国信息产业发展做出贡献。

公司承担由中国电子信息产业发展研究院主办的"可信身份认证服务平台"的建设、运营及技术服务工作，为建立"多维身份属性综合服务体系"提供底层支持和顶层设计。

第二节 项目主要内容

可信身份服务平台服务内容如图 20-1 所示。

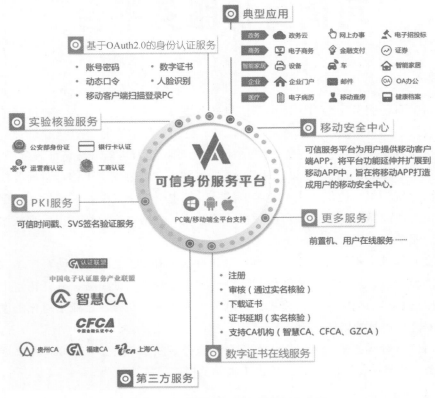

图 20-1 可信身份服务平台服务内容图

一、系统设计

平台实现目标包括支持第三方应用的接入，且同时支持 Web 应用和移动应用（Android/iOS）；提供 Web 应用和移动应用（Android/iOS）接入平台所需要的 SDK 及文档；平台移动端（Android/iOS）支持数字证书的签发、数字签名、

加 / 解密等操作；统一客户端控件 API，客户端控件同时支持以下主流浏览器：IE8、IE8 以上内核的浏览器、360、Firefox、Chrome；统一服务端认证 API，如签名认证、加 / 解密、时间戳；支持多渠道在线身份核验；支持人像识别活体检查集成；提供电子证据保存，并根据需要可以对接司法鉴定机构出具相关法律文书；平台由多个区域平台组成，支持 CA 机构接入和管理，通过统一认证实现 CA 互认互通。

二、基于 OAuth2.0 协议的身份认证服务

OAuth2.0 协议关注客户端开发者的简易性，要么通过组织在资源拥有者和 HTTP 服务商之间的被批准的交互动作代表用户，要么允许第三方应用代表用户获得访问的权限。同时为 Web 应用、桌面应用和移动应用提供专门的认证流程。2012 年 10 月，OAuth2.0 协议正式发布为 RFC6749。百度开放平台、腾讯开放平台等大部分的开放平台都使用 OAuth2.0 协议作为支撑。

全平台支持。本项目提供支持 PC 及移动客户端的基于 OAuth2.0 协议的身份认证服务。平台采用标准 OAuth2.0 协议，应用可以根据协议直接对接平台。为便于开发，平台支持 Android4.0 以上及 iOS6.0 以上的移动客户端 SDK 及 Java1.6 以上、.NET2.0 以上、PHP5.0 以上的 PC 端 SDK。

多种认证方式支持。提供数字证书、账号口令、短信、APP 等多种方式身份认证支持。平台管理员可以限制这个平台可以使用哪几种认证方式，应用也可以根据安全需要在平台允许范围内选择一种或几种认证方式强制用户使用。用户可以使用手机客户端通过消息推送或者扫描二维码方式登录，手机客户端登录方式仍然受应用认证方式要求限制，应用可以要求是否允许使用手机客户端认证登录，也可以要求认证手机客户端本身的登录方式。

多 CA 支持。数字证书身份认证，支持多家 CA 互通互认，可信身份服务平台管理员，可以在可信身份服务大平台支持的 CA 机构中，选择一家、多家予以支持。平台将智能识别 SM2 证书完成认证工作。平台自动连接至各 CA 机构 CRL 发布点，将各 CA 机构系统中的白名单和黑名单数据实时进行对比及融合，在认证数字证书时，直接使用已加载的数据进行认证，可以最大限度地提高认证效率。通过数字证书的信息扩展技术及平台可信身份核验功能可以扩展证书信息内容。

三、可信身份核验服务

可通过部署区域可信认证服务器建立区域可信身份服务平台，所有可信身

份核验服务均在用户本地完成。此外，实名认证及数字证书申请服务通过 VPN 发送至可信身份服务平台，平台与公安、CA 机构、电信运营商等机构对接，为用户提供"多维可信身份属性综合服务"，为互联网及"互联网+"相关行业的安全、可持续发展提供有力保障。可信身份核验服务具有以下特点：

安全性。核心数据均在涉密屏蔽机房内；硬件设备、密码设备、网络设备均使用国产设备，软件均使用国产软件或自行编译的开源软件。

易用性。用户使用已有实名身份凭证，可以办理各项需实名业务，不用临柜办理。

可靠性。平台硬件均采用"1+1"冗余设计，互联网线路采用电信、联通、移动三线 BGP 设计；平台已建设完成北京中心，华东、华南中心正在建设中，并正在筹建西部中心。

中立性。平台通过 OAuth2.0 为用户（人、机构、智能设备等）登录应用（PC、移动终端、物联网）提供可信身份及身份认证服务，平台本身不经营任何应用，也不开发物联网设备，具有良好的中立性。

通用性。可信身份服务器提供基于 OAuth2.0 的身份认证及 OpenAPI，应用可以自由接入。

合规性。符合《电子签名法》《网络安全法》及工业和信息化部、国家密码局相关政策文件要求，已经全面启用 SM2、SM3、SM4 等国产密码算法。

该服务通过提供基于接口的实名认证服务来进行可信身份核验，包括：

身份证号认证。仅认证姓名、身份证号码的匹配性。

身份证认证。认证姓名、身份证号码、身份有效期的匹配性，可以确认身份证是否被挂失。

身份证增强认证。认证姓名、身份证号码、身份证有效期的匹配性，同时通过摄像头认证操作人是否为身份证照片本人。

运营商认证。认证姓名、身份证号码、手机号的匹配性。无法认证身份照片有效性。通过发送验证码很大程度可以确定是用户本人申请的。

平台综合实名认证（手机）。认证姓名、身份证号码、身份证有效期（可选）的匹配性及手机号码、机主姓名、身份证号码，是否一致。同时通过手机短信验证码认证用户是否持有该手机。

四、AI 人像活体认证服务

伴随着移动互联网的发展和消费升级的影响，消费者对服务便捷性的追求越来越高，而人力成本的逐年提高也促使各种服务向自动化、远程化和智能化升级。建设安全、高效、易用的实人身份核验平台，融合活体识别、人像比对和简项身份证实名核验等多种业界领先的解决方案，能有效满足上述需求。

"实人核验"是相对于"实名核验"而命名的，是"实名核验"的深入和延展。在认证"姓名""身份证号码"的同时，通过摄像头经过活体检测获取操作者照片，判断是否为身份证照片本人。简单来说，就是在线认证操作者的有效证件一定是本人持有并使用。通过实人核验可以确保：

确保为真人。通过在线双重活体检测，确保操作者为真人，可有效抵御彩打照片、视频、3D 建模等攻击。用户无须提交任何资料，即可去网点柜台办理业务，高效方便。

确保为本人实名。基于"真人"的基础，将姓名、身份证号码及真人人脸图片与公民身份信息库的人脸对比，确保操作者身份的真实性。避免身份证或人脸图像伪造等欺诈风险，权威可靠。

五、移动安全中心

可信服务平台为用户提供移动端 APP（iOS/Android），将平台功能延伸并扩展到移动端 APP 中，旨在将移动端 APP 打造成用户的移动安全中心。

用户可以使用移动端 APP 完成用户中心的操作，支持统一认证，支持扫描二维码快速登录应用。主要有统一认证模块、证书管理器、PKI 服务、公告消息等模块功能。平台移动端的证书管理器，可以为第三方 APP 提供数字签名、数据加解密等 PKI 服务功能。

六、区块链存证技术

壹证通存证产品为客户提供一站式在线司法服务，是包含电子存证、身份核验、电子取证、第三方司法服务和其他服务的平台。支持完善的存证产品，提供"可靠、高效和支持未来业务快速定制"的运行环境和承载平台。区块链存证架构逻辑如图 20-2 所示。

区块链存证技术充分利用区块链分布式共识和存储机制，高效解决电子证据多角色背书的问题，可将相关司法服务主体串联起来，快速打通完整证据链，有利于高效出证和对接司法服务。同时，区块链匿名机制与 PKI/CA 实名机制有机结合，在确保客户隐私的同时，也确保必要的时候可进行有效监管和追溯。

区块链存证技术具有以下特点：

真实安全。保证客户真实性、保证业务流程真实性、反映客户真实意愿、预防盗用身份攻击。

有理有据。法律保障、事件背书、证据有力、解决纠纷。

业务扩展。支持远程业务、提升用户体验、保证客户和业务的真实性。

成本效率。流程电子化、减少纸质文件、降低成本、提高效率。

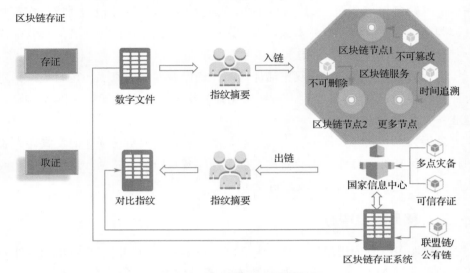

图 20-2　区块链存证架构逻辑图

第三节　项目经验效果

一、基于 OAuth2.0 的身份认证服务

全平台身份认证支持。提供支持 PC、Android、iOS 的基于 OAuth2.0 的身份认证服务。

多认证方式支持。提供数字证书、账号口令、短信、APP 等多种方式的身份认证支持。应用可以根据安全需要选择一种或几种认证方式强制用户使用。

多 CA 数字证书支持。数字证书身份认证，支持多家 CA 证书相互认证，可以在系统支持的 CA 机构中选择一家、多家或者全部予以支持。

二、可信身份服务

通过平台后端的可信身份服务平台，对接公安及电信运营商，完成实名核验，为在线审核发放合法的数字证书提供有效身份保障；使用数字证书登录系统，实现强身份认证。

三、数字证书服务

可信行为服务：为信息系统解决行为可追溯和抗抵赖性问题。信息系统中所进行的关键操作，通过数字签名认证服务器完成数字签名；信息系统和数据中心在进行数据共享时，通过数字签名认证服务器完成对数据提供方的数字签名，数据接收方的数字签名认证。

可信数据服务：为信息系统解决数据保密性、完整性问题。信息系统进行数据共享时，通过数字签名认证服务器完成对数据提供方的数据加密，数据接收方的数据解密。

可信时间服务：为信息系统解决操作行为时间准确性和抗抵赖性问题。通过建立准确时间源节点，使用可信时间管理系统，保证时间的准确、可信。信息系统产生的数据，都需要运用已发布的时间源信息结合数据原文通过调用时间戳系统生成时间戳，确保此操作记录的时间可靠性。

四、AI 人像活体认证服务

实人身份核验系统应用广泛，在用户申请、业务办理时，实现线上自助办理，有效核验业务申请人的真实性，避免冒用、盗用身份证。全面推行全程线上办理，减轻柜面人力负担，节约经办人时间，带来方便的同时解决效率问题。

五、移动安全中心

化繁为简，使用简单。为第三方移动 APP 提供统一认证、单点登录功能。

安全性与易用性平衡。根据认证方式判定安全认证等级，从而设定访问树根。

零门槛限制，集成方便。提供多语言 SDK 支持，可快速集成移动 PKI 服务，如签名、认证、加密、解密等。

突破传统，安全简便。支持移动端数字证书（RSA/SM2 算法）全生命周期管理。

扫码服务。二维码扫码登录、扫码签名加 / 解密、扫码实名认证。

消息推送。即时通知服务，登录、签名、加 / 解密等操作即时推送通知。

六、区块链存证技术

防纠纷。证据链路清晰，责任明确，举证确凿，事前预防与事后追溯结合，防止因转包调包产生的责任不明。

防诈骗。具有司法送达、电子合同、现场身份核验、验收签名、在线司法鉴定、在线司法公证和在线司法举证等一系列措施。

防扰乱。避免通过虚假个人身份或法人身份扰乱市场价格，干扰正常交易秩序；便于信用建设，相关举证变得容易。

司法服务。可以对接相关司法鉴定机构，提供一站式专业司法服务，用于坚实司法保障、提升司法采信力度和便捷相关服务。

第二十一章

业务应用可信可控访问解决方案

业务应用可信可控访问解决方案是一个基于零信任网络安全理念和软件定义边界（SDP）网络安全模型的安全可控的业务系统安全访问解决方案。该方案可适用于各个行业，其中在勘察设计、服装制造等行业有多个应用案例。方案包含企业安全浏览器、应用网关、管控平台三大组件。企业安全浏览器基于互联网或各类专网分别建立授权终端，为特定虚拟网络构建可靠安全边界，并能够根据用户身份认证信息设定最小访问权限。应用网关、管控平台具备网络隐身功能，对虚拟边界以外的用户屏蔽网络连接。

第一节　单位基本情况

红芯时代（北京）科技有限公司（以下简称"红芯时代"）成立于 2012 年，面向大中型企业，提供 IT 去边界化时代的"移动化""安全上云"的企业级统一工作平台及身份安全、数据安全、行为安全等多层次云安全服务。红芯时代已经成功服务于制造、服装、勘察设计、能源等多个行业的众多领先企业和中国 500 强企业，帮助企业客户安全、高效地进行智能化、移动化、数字化转型。

红芯时代总部位于北京，并在上海、天津、广州、深圳、西安、重庆、西安等地设立了分支机构，拥有一支高素质、追求创新、不断进取、积极协作的专业团队。

第二节　项目主要内容

一、项目概述

随着社会信息化的不断发展，基于互联网和专用网络而开发的业务应用系统已非常普及，由此引出的基础问题之一便是：如何保证应用和数据的可信可控访问。在日趋复杂的网络应用场景下，由各种技术缺陷而引发的网络协议脆弱性及安全策略配置漏洞，极易引起安全隐患。过去所采用的堵漏洞、打补丁、防病毒等被动式防御和局部式治理、增量式修复的防护策略，已不能适应多变的网络安全形势，迫切需要建立可信、可控、可防护的全域安全系统。

业务应用可信可控访问解决方案是一个基于零信任网络安全理念和软件定义边界（SDP）网络安全模型的安全可控的业务系统安全访问解决方案。该方案结合企业安全浏览器和应用网关共同建立虚拟安全域，同时结合网络隐身技术构建起一张隐形的互联网，即互联网应用只对特定的用户和设备可见，并且对用户访问应用的行为进行严格控制和记录。该模式不仅解决了移动办公和数字上云所带来的公网信息暴露问题，同时也有助于增强内网数字的安全性。该方案帮助政府部门或企业构建起了对外隐藏的数字"地下城"，如图 21-1 所示。此外，此方案与传统攻防安全相互兼容，可以共同使用。

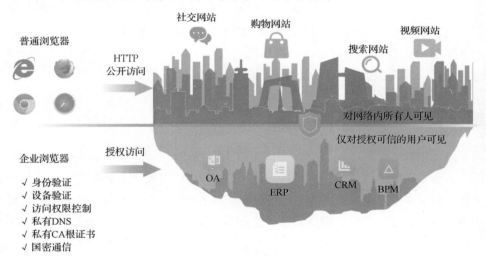

图 21-1　数字"地下城"结构图

本方案所参考的规范是国际云安全联盟（CSA）提出的软件定义边界（SDP）安全模型，其架构如图 21-2 所示。该安全模型已经在国外有比较多的成功案例。国外相关厂商普遍使用云端代理服务器或者客户端代理服务器，该方案可以实现直接把 SDP 隐身技术嵌入浏览器内核中，避免数据在传输过程中被盗。SDP 采用预认证和预授权模式，通过在单数据包到达目标服务器之前对用户和设备进行身份认证和授权，同时采用网络层执行最小权限原则，可以显著减小被攻击面。

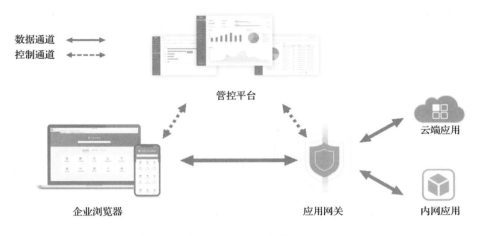

图 21-2　软件定义边界（SDP）架构图

二、方案架构

业务应用可信可控访问解决方案架构由三部分组成：一是企业浏览器，用来进行身份认证，包括硬件身份、软件身份、生物身份等；二是管控平台，用来对所有的企业浏览器进行管理，制定安全策略；三是应用网关，用来对业务系统和应用网关的访问进行认证和过滤。这三部分组件的部署架构如图 21-3 所示。

企业安全浏览器。企业安全浏览器是办公工作平台的主要入口，终端用户由此进行用户及设备登录认证。企业安全浏览器具备 SWA 智能 Web 认证、兼容性自动处理以及安全保护等功能。支持多种操作系统，如 Windows、MacOS、Linux、Android、iOS，以及国产操作系统，如银河麒麟，支持多种硬件平台，包括 Intel、AMD、ARM、国产飞腾等。

管控平台。管控平台是整个平台的控制中心，管理员可由此掌握产品的整体概况、用户使用情况、安全办公平台相关的应用、用户及组织结构、设备、证书等，并将定制功能配置下发到指定的企业安全浏览器中。

应用网关。应用网关可将用户业务系统端口进行隐藏，从源头减少攻击的来源，达到应用隐身的目的。应用网关可以被部署在内网、DMZ、外部机房或云端中，只有完成用户和设备认证的客户端才能通过私有域名解析机制链接到云服务器中的业务应用访问地址，对非授权用户不可见。应用网关采用了最新的 SPA 单数据包授权技术，即网关服务器默认情况下是拒绝任何网络连接的，与防火墙设备的 Deny All 策略一样。只有在接收到某个终端按照特定的数据序列发送的特定 UDP 数据包的情况下才会针对这个特定的终端打开安全信道，而对于不符合特定规则的数据序列，不进行任何回复。因此，一般的扫描工具是扫描不到网关服务器的，从根本上避免了攻击的发生。

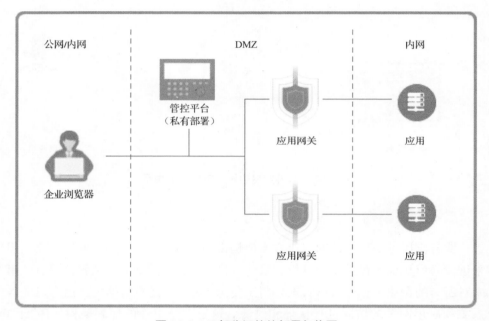

图 21-3　三部分组件的部署架构图

三、网络拓扑及认证逻辑

网络部署架构。业务应用可信可控访问解决方案可以快速融入企业现有网络架构，企业实际网络部署架构如图 21-4 所示。从物理部署结构来看对现有物理架构无任何改变，管控平台（Manager）和业务应用网关（Gateway）部署在 DMZ 区，通过企业出口防火墙端口映射功能映射至互联网。

企业互联网出口防火墙、IPS 等安全产品可以对接入 Manager 和 Gateway 的数据进行检查过滤，是第一层安全防护，同时 Manager 与 Gateway 通过自身的网络隐身 SPA 单包数据授权功能进行第二层安全防护，最后通过 Gateway

基于应用层访问控制功能及 http 层私有标识检查功能，对业务系统进行第三层安全防护，有效保障业务系统安全访问。

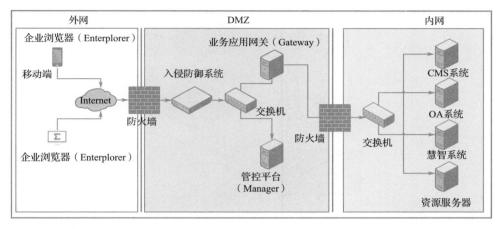

图 21-4　网络部署架构图

在逻辑架构上，需要通过 DNS 域名解析来调整业务系统访问路径。外网用户通过公网 DNS 解析访问防火墙公网地址端口接入企业网络，防火墙通过端口映射将流量转发至 Gateway，Gateway 对用户流量进行检查，将非法流量过滤，将正常访问流量代理至业务系统。内网用户通过企业本地 DNS 解析服务器将访问流量解析至 Gateway 内网地址，Gateway 对内网用户流量进行检查，将非法流量过滤，将正常访问流量代理至业务系统。

认证逻辑。该方案采用内外网差异化认证方式，认证逻辑如图 21-5 所示。此方案中由企业浏览器（Enterplorer）来判断用户当前所处互联网环境，内网环境与外网环境采用不同的认证逻辑。在内网环境中，员工使用专用办公电脑，为提升办公效率只采用"账号＋密码"的认证方式，认证通过即可访问业务系统。外网环境中，缺少安全防护措施，采用更严格的强认证方式，除"账号＋密码"外，还需基于时间戳算法的 OTP 一次性密码认证，全部认证成功才可以进入统一门户访问业务系统。

四、关键技术

软件定义边界（SDP）安全模型。SDP，即软件定义边界（Software Defined Perimeter），也称为"黑云 Black Cloud"，是在美国国防信息系统局"全球信息网格黑核网络"项目成果的基础上发展起来的一种新的安全方法。2013年，国际云安全联盟（CSA）定义了 SDP 网络安全模型的国际标准：基于"零"

信任基础构建安全架构，即对网络、IP 地址不可信，只有在身份和设备认证之后，SDP 才允许对业务系统的访问，用可控的逻辑组件取代了物理设备。

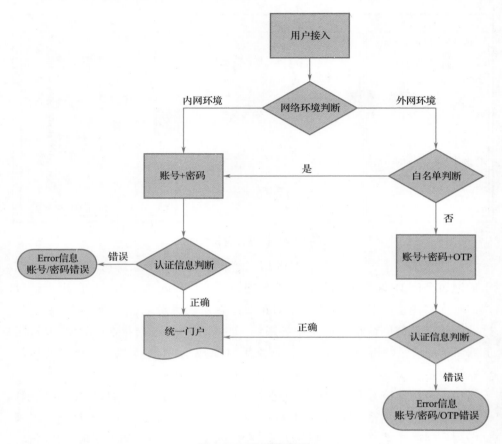

图 21-5　认证逻辑图

移动适配技术。移动适配技术基于浏览器底层扩展开发实现的双层智能渲染引擎，可以在零接口支持、零代码改造的情况下实现 B/S 架构应用的移动化适配。该技术不需要原系统提供 API 支持，同时也不需要对原系统进行改造，在客户系统正常运行过程中便能自动完成移动化。既避免了信息化重复建设的浪费，又从根本上解决了业务系统中的安全隐患，还避免了对正常业务和生产的影响。

多浏览器内核数据共享。在浏览器中内置多种浏览器内核，并将用户在不同浏览器内核中的缓存、Cookie 及其他共享数据经过内置格式转换，转换为标准数据格式并存储至内置共享数据库，在任意浏览器内核进行数据读取时，再将标准数据格式转化为相应浏览器内核可以读取的数据格式，从而实现任意浏览器内核都可以从统一数据库中获取到用户在任意浏览器内核中输入的数据。

Cookie 和缓存加密。从外网访问内网业务系统的过程中会产生 Cookie 数据和缓存数据。Cookie 数据和缓存数据包含登录信息、登录状态等信息，在不加密的情况下，只要具有 Cookie 数据，无须输入登录账号和密码即可查看用户访问历史信息。一般情况下，外网访问内网的过程中产生的 Cookie 数据和缓存数据，并未进行加密，存在严重的安全隐患，易导致政府部门或企业信息泄露。

远程擦除 / 删除设备。工作人员因移动设备丢失而导致不法分子获取各种办公信息甚至政府部门或企业机密信息时有发生。该方案可解决设备丢失后的办公信息泄露问题。具体步骤如下：①管理员对特定设备进行远程擦除或者删除；②企业安全浏览器接到擦除指令后，会将之前使用产品生成的所有数据文件进行随机数据写入，如缓存、Cookie 等信息，然后再将写入后的文件进行删除，这样可使不法分子窃取的信息是随机数据，而非原内容。

URL 及文件类型过滤。黑客通常利用钓鱼网站将伪装网站的脚本植入用户操作系统，从而对政府部门或企业内部信息进行窃取。该方案提供了黑名单和白名单机制，利用对 URL 和文件类型进行过滤，将非法攻击抵挡在业务系统外部。以黑名单为例来说，管理员将有可能存在安全隐患的网站配置发送给用户，当用户使用浏览器进行访问的时候，相应的 URL 会通过界面传递给浏览器内核准备页面的请求工作，浏览器会在发起页面请求前检查该 URL 是否符合设置的过滤条件，当符合过滤条件时浏览器将终止打开网页的操作，将威胁阻挡在外。

私有 DNS。业务应用可信可控访问解决方案可以为企业构建一个私有 DNS 解析平台，企业管理员可在传统 DNS 服务器（DNS Server）中取消已设置过的 DNS 解析域名，从而达到隐藏业务应用访问域名的目的。当用户通过企业安全浏览器访问某个 URL 地址时，会先在本地内存中查询该目标 URL 是否有对应的私有 DNS 解析记录，如果匹配成功则使用从匹配结果中所获取到的目标 IP 进行访问，如没有匹配成功，则认为目标 URL 中所包含的域名未启用私有域名解析，既而采用传统 DNS 服务查询机制获取结果。

第三节　项目经验效果

一、网络隐身

基于私密通信协议，通过身份接入认证、设备接入认证、应用访问权限控制等，帮助保护业务应用，让应用对外完全不可见，用户只能通过企业安全浏览器进行授权后进行访问。

私有 DNS。私有 DNS 功能隐藏业务系统的 DNS、IP 信息，管控平台只给合法用户下发业务系统的地址。

端口动态授权。应用网关默认拒绝一切连接，只对接合法设备上的合法用户动态开关端口，达到隐身功能。

应用级访问。与 VPN 访问不同，本方案只允许 B/S 架构的应用访问，不会把内网完全暴露。即使员工电脑上被安装了恶意软件也无法攻击内网。

按需授权。管理员可以在后台合理限制用户授权。例如，只允许财务部的员工访问财务系统，不允许访问 HR 系统。避免用户被攻陷之后其他系统和资源也受到攻击。

二、统一化工作入口

本方案可以帮助用户解决不同时期开发的应用，和不同浏览器架构的兼容性问题，实现多端口统一登录，实现跨设备的统一管理，从登录端保护数据与应用的安全。

应用聚合。管理员可以针对不同部门的用户来制定不同的应用策略，用户登录浏览器即可看到所有与自己业务有关的应用。

认证汇聚。用户访问政府部门或企业内部业务系统时，只需登录一次，大大减少了重复工作量。

三、浏览器管理

配置管理。管理员在安全管控平台上对浏览器技术参数进行配置，然后统一下发到用户的企业浏览器客户端，实现一次配置，全员生效。

插件管理。通过管控平台统一进行自动插件安装，用户无须自行下载，最大限度地降低使用的复杂度。

双内核支持。支持 IE（6~11）和 Chromium 双内核，可以有效解决业务系统的兼容性问题，无须在不同版本的浏览器中来回切换，提高使用体验，降低使用成本。

统一认证。通过 SWA 智能 Web 认证技术，不依赖厂商配合，可针对不同情况来配置对应的自动登录方案。

行为管控。管理员可以统一管理用户能使用的浏览器操作，如禁止复制、禁止另存为、禁止打印、禁用开发者工具、禁用地址栏、禁用鼠标右键、禁用状态栏、文件黑白名单、网站黑白名单等。

四、数据安全

多种密码算法的应用能有效地提高信息传输的安全性，通过数据沙箱等安全机制保护政府部门或企业核心数据和机密文档安全，保障客户端与云端的数据存储及数据传输安全。

数字水印。企业浏览器可以将员工的个人信息，如姓名、手机号等作为数字水印覆盖在浏览器的目标页上，以达到信息认证和溯源的目的。

本地数据加密。企业浏览器对缓存到本地的数据、缓存、Cookie 信息分别进行加密存取处理，即使数据被恶意窃取，也无法得到明文内容。

文档在线预览功能。将文档内容通过格式转换服务转变为 HTML 页面，让文档不可被下载，仅能通过浏览器显示，达到机密文档不落地的效果。

展望篇

第二十二章

我国网络可信身份服务业
发展趋势

一、网络可信身份服务业政策环境加速优化

继 2006 年国家网络与信息安全协调小组推出《关于网络信任体系建设的若干意见》之后，2011 年年末颁布的《电子认证服务业"十二五"发展规划》进一步强化了电子认证服务业在构建网络可信空间中的核心地位。2014 年 8 月颁布的《最高人民法院关于审理利用信息网络侵害人身权益民事纠纷案件适用法律若干问题的规定》，规范了审理利用信息网络侵害人身权益民事纠纷案件。2015 年 4 月，中共中央办公厅、国务院办公厅联合印发的《关于加强社会治安防控体系建设的意见》，明确加强信息网络防控网建设，建设综合的信息网络管理体系。2016 年 11 月，《中华人民共和国网络安全法》正式通过，明确提出国家实施网络可信身份战略，支持研究开发安全、方便的电子身份认证技术，推动不同电子身份认证之间的互认。

针对我国网络可信身份服务生态建设的需求，预计将推出一系列具体的政策措施。这些政策涉及的范围包括：网络可信身份战略、个人隐私保护条例、个人信息出境安全评估办法等。这些政策将会进一步完善我国构建网络可信身份服务生态的政策体系。

二、网络可信身份服务产业规模保持快速增长

随着信息化和网络化的日益普及、国家对网络安全的重视、用户使用信心的逐渐增强及进入网络可信身份服务领域的企业数量进一步增多，网络可信身份服务产业市场规模将进一步扩大。特别是移动互联网、云计算、物联网、区块链等新技术的出现和应用普及，使得网络身份管理的价值得到极大的提升，预计未来三年，网络可信身份服务市场将快速增长，随后进入稳定期。

三、多维度、综合性可信身份认证技术将成为主流

传统的身份认证技术主要是单维度的，以身份信息为主，一般在身份注册阶段认证用户的真实身份（通过身份证号、手机号、邮箱地址等），为用户颁发认证凭证（通常是口令），然后利用该凭证认证用户。随着网络信息安全形势的日益严峻，凭证的复制和假冒时常发生。盗号木马、钓鱼网站等手段也可以获取用户的真实凭证信息，单维度身份认证技术在实际应用中遇到了越来越大的挑战。随着移动互联网、大数据、生物识别技术的快速发展，多维度、综合性的可信身份认证技术将是未来发展的趋势，用户在进行网上登录、交易的过程中，认证系统对用户的生物特征（指纹、面部）、口令、操作行为历史数据进行多维度交叉认证，如果发现异常的用户行为，即使用户提供了正确的身份和凭证，仍会对用户访问进行质疑甚至拒绝。例如，如果发现用户一分钟前在北京登录，而短时间后在广东登录，将会告警认为可能有身份盗用攻击，将会禁止用户登录。

四、网络可信身份的互联互通将加速实现

《网络安全法》明确提出，国家实施网络可信身份战略，支持研究开发安全、方便的电子身份认证技术，推动不同电子身份认证之间的互认。近年来，国内多种身份认证体系并存，包括基于 PKI 的电子认证、公安部第一研究所推出的基于身份证副本的在线认证、联想等推动的 FIDO 身份认证、阿里牵头的 IFAA 身份认证、腾讯正在推动的 TUSI 身份认证等。为深入贯彻落实《网络安全法》，积极应对网络诈骗、网络犯罪等网络安全事件，我国会进一步加强网络可信身份服务体系建设，重点完善并优化整合 eID、数字证书、金融卡绑定、生物特征识别、互信认证及可信网站验证等已有的网络可信身份服务基础设施和相关资源，建立基础数据开放服务平台，实现不同类型信任凭证的传递，积极推动已有的网络可信身份认证体系的互联互通，建立跨平台的网络可信身份服务体系。

五、网络可信身份服务"全流程"的产品服务模式将逐渐形成

信息安全风险日益复杂，身份欺诈、非授权访问、行为抵赖等安全风险日益严峻，信息化应用逐渐向更深更广发展，用户对身份认证服务的需求也逐渐转变，单纯的发放数字证书已经无法满足用户的应用需求。为保障网上业务的健康有序开展，需要同时满足身份认证、授权管理、责任认定等客户安全需求。因此，需要产品形态及服务模式上的创新突破，增强电子认证服务、电子签名应用产品、电子签名服务平台、司法鉴定、法律服务等全流程整合能力，提高服务与技术开发能力和需求应变能力，只有综合利用服务和多种产品形成"全流程"的解决方案，才能满足客户的网络信任需求。"全流程"的解决方案已成为行业发展趋势，具备网络可信身份"全流程"解决方案能力的企业将更易形成竞争优势。

第二十三章

加快我国网络可信身份服务业发展的对策建议

一、完善顶层设计，加快出台战略规划

为实现网络可信身份服务生态体系建设的总目标，我国应加强顶层设计，及时出台战略规划。一是打破现在各部门"分工负责、各司其职"的条块方式，在中央网信办的协调下，建立统筹规划、合理分工、责任明确、运转顺畅的协调体制，成立联合指导小组负责网络可信身份生态体系的标准制定和评估认证流程；二是加强隐私保护机制和问责机制，制定或修订相关的政策和法律法规，通过建立清晰的个人隐私保护规则和指南，设立问责机制和补救程序，防止个人信息滥用，实现个人和服务商之间的互操作和互信任；三是研究制定网络空间信任体系风险评估模型，建立综合的身份标识和鉴别标准，保障技术和政策标准的一致性和互操作性，以适应不断升级的安全威胁和不断创新变化的市场需求。

二、推动相关法律法规衔接，完善法律体系

完善网络可信身份服务业相关法律体系，主要通过两种途径来完成，一是对已有的法律法规进行修订和完善。例如，个人信息与网络身份管理相关的条款在《中华人民共和国刑法》《中华人民共和国刑事诉讼法》《中华人民共和国民事诉讼法》《中华人民共和国合同法》《中华人民共和国电子签名法》《中华

人民共和国侵权责任法》《中华人民共和国居民身份证法》等法律法规中均有涉及，可以通过修订和完善相关条款，来明确网络可信身份在社会生活中的重要作用和法律地位。二是对尚未涉及的部分进行立法补充。如起草数据采集、存储和跨境流动的相关法律；规定互联网服务提供商、网站运维商等机构收集、存储数据的范围，地域边界和时效性；界定政府、企业、个人的权责和义务，应禁止服务商和运维商存储法律规定不得存储的信任源数据。

三、建设可信身份服务平台，推动可信身份资源共享

通过建设集成公安、工商、CA 机构、电信运营商等多种网络可信身份认证资源的可信身份服务平台，提供"多维身份属性综合服务"，包括网络身份真实性、有效性和完整性认证服务，最终完成对网上行为主体的多途径、多角度、多级别的身份属性信息的收集、确认、评价及应用，实现多模式网络身份管理和认证。可信身份服务平台，打通了不同网络可信身份认证体系、不同身份服务提供商之间的壁垒，实现了身份认证凭证之间的互通互认，整体提升了网络可信身份服务商的服务能力。通过完善网络身份管理，能够保障网络主体的身份可信、网络主体属性可用，营造安全的网络环境，加快各互联网应用的进程，维护保障网络活动中有关各方的合法权益，促进电子政务、电子商务的健康发展，为信息化建设提供安全支撑。

四、加强认证技术创新，提升行业竞争力

我国网络可信身份服务生态体系的安全稳定离不开网络可信基础技术产品的国产化。这就要求产业链上下游企业要打破国外垄断，积极进行技术创新，避免低水平重复研发。一是加大对核心加密算法等基础研究的投入，加快进行国产密码算法在主流安全产品中兼容性、稳定性和可靠性测试，提升高加密强度下产品的综合性能；二是积极研究身份认证技术升级改进，研发国产身份认证系统，对认证介质和基础数据库进行升级换代；三是加快国产可信安全操作系统、可信安全整机及可信安全芯片、生物识别芯片、可信 BIOS 等关键软硬件的成熟化和产业化进程；四是采取有力措施鼓励与支持重点领域的关键基础设施采用国产可信计算产品和安全解决方案。

五、加强业界合作，打造良好产业生态

为推进网络可信身份服务业的健康发展，应建立网络可信身份生态联盟，该联盟由产业链上下游的第三方中介服务机构、基础软硬件厂商、网络可信身

份服务商、依赖方、高校和科研单位等共同组成。联盟以技术创新为纽带，以契约关系为保障，有效整合政产学研用等各方资源，通过对网络可信身份认证技术的研究及自主创新，形成具有自主知识产权的产业标准、专利技术和专有技术，开展重大应用示范，推动我国网络可信身份生态的建设和发展。此外，联盟还负责与政府、行业主管部门、协会等的沟通，推动成员开展合作。

六、加强宣传培训，营造可信身份良好氛围

加强对网络可信身份知识的宣传是提高用户接受程度的主要途径。宣传工作应从以下三方面入手：一是重点宣传网络可信身份服务生态体系建设的重大意义和对民众带来的实在益处；二是宣传培训范围要广泛，不仅包括自然人，也包政府部门、企业、科研单位和社会团体等；三是应注意消除公众对网络可信身份生态体系建设的疑虑，特别是个人隐私保护方面的误解。当前互联网传播方式已经进入自媒体时代，个体传播行为的重要性日益突出，网络可信身份服务生态体系建设的宣传培训过程也是用户主动传播的过程，为强化宣传效果，政府媒体应注意以下三点：一是网络可信身份服务生态体系的建设应有效地解决用户需求，给使用者带来真正的好处，使用户心甘情愿地主动为网络可信体系进行宣传；二是网络可信身份服务生态体系的建设应确保参与者（如网络可信身份服务商）的利益，这样他们才能成为宣传的中坚力量；三是认真听取社会各方面的不同意见，主动沟通，争取最大范围的支持，使网络可信身份服务生态体系深入人心。

参 考 文 献

[1] 冯伟,王闯. 构建我国可信网络空间的思路和建议 [J]. 信息安全与技术, 2014, 5(5):8-10.

[2] 宋宪荣,张猛. 网络可信身份认证技术问题研究 [J]. 信息安全与技术, 2018(3).

[3] 冯伟,王超. 韩国网络实名制成败对我国的启示 [J]. 中国信息安全, 2015(11):110-112.

[4] 刘权. 网络可信身份之道 [J]. 网络安全和信息化, 2017(12):33-38.

[5] 陈月华. 欧盟网络身份管理进展情况及启示 [J]. 中国信息安全, 2015(2):88-91.

[6] 刘劲彤,吴勇. 欧盟 eID 项目与面向未来的身份服务战略 [J]. 信息安全与通信保密, 2012(11):124-127.

[7] 旷野,闫晓丽. 美国网络空间可信身份战略的真实意图 [J]. 信息安全与技术, 2012, 3(11):3-6.

[8] 张博卿. 我国网络可信身份服务发展现状、问题和对策研究 [J]. 网络空间安全, 2018, 9(11):5-9.

[9] 张博卿,孙舒扬. 2019 年中国网络安全发展形势展望 [J]. 网络空间安全, 2019, 10(1):40-45.

[10] 赵丽莉,江智茹,马民虎. 比利时电子身份管理制度评鉴 [J]. 图书情报工作, 2011, 55(20):52-55.

[11] 高凯烨. 我国网络可信身份应用现状及特点研究 [J]. 网络空间安全, 2018, 9(10):71-73.

[12] 崔久强,徐祺. 基于数字证书的上海市法人网上身份统一认证服务平台 [J]. 网络空间安全, 2018, 9(7):5-9.

[13] 曾翔. 基于组合密钥认证体系的会员账户综合管理系统建设方案研究 [J]. 网络空间安全, 2018, 9(7):29-32.

[14] 刘权,陈月华. 我国电子认证服务业发展回顾及"十二五"发展对策研究 [J]. 信息安全与技术,2011(12):3-7.

[15] 王琎. 我国电子认证服务业发展现状、趋势及建议 [N]. 中国计算机报,2019-04-01(12).

[16] 田勇,张健. "一网通办"系统移动终端电子认证项目 [J]. 网络空间安全,2019,10(1):75-78.

[17] 彭天强. 面向企业登记全程电子化服务的移动智能签名应用 [J]. 网络空间安全,2019,10(1):68-74.

[18] 潘金昌. 基于"互联网＋医疗"的可信医疗电子认证服务 [J]. 网络空间安全,2019,10(2):108-114.

[19] 陈本峰,霍海涛,冀托,杨鑫冰. 业务应用可信可控访问解决方案 [J]. 网络空间安全,2018,9(12):25-31.

[20] 王琎. 我国网络可信身份的互通互认研究 [J]. 网络空间安全,2018,9(10):70-73.

后　记

　　中国电子信息产业发展研究院赛迪智库网络安全研究所在对网络可信身份服务政策环境、基础工作、技术产业等长期研究积累的基础上，经过认真研究、广泛调研、详细论证，完成了《2018—2019年中国网络可信身份服务发展蓝皮书》。

　　本书由黄子河担任主编，刘权担任副主编，张博卿、吴三来、孟雪负责统稿。全书共计约10万余字，主要分为综合篇、国际篇、技术和标准篇、产业和应用篇、行业实践篇、展望篇等，各篇撰写人员如下。

　　综合篇：张博卿、刘玉琢、王珊；国际篇：闫晓丽、刘玉琢、王超；技术和标准篇：张猛、张博卿；产业和应用篇：张博卿、王珊；行业实践篇：李东格、刘曦子、周鸣爱、韩杰超；展望篇：张博卿。

　　在研究和编写的过程中得到了相关部门领导及行业专家的大力支持和耐心指导，在此一并表示诚挚的感谢。

　　由于能力和水平有限，我们的研究内容和观点可能还存在有待商榷之处，敬请广大读者和专家批评指正。

反侵权盗版声明

　　电子工业出版社依法对本作品享有专有出版权。任何未经权利人书面许可，复制、销售或通过信息网络传播本作品的行为，歪曲、篡改、剽窃本作品的行为，均违反《中华人民共和国著作权法》，其行为人应承担相应的民事责任和行政责任，构成犯罪的，将被依法追究刑事责任。

　　为了维护市场秩序，保护权利人的合法权益，我社将依法查处和打击侵权盗版的单位和个人。欢迎社会各界人士积极举报侵权盗版行为，本社将奖励举报有功人员，并保证举报人的信息不被泄露。

举报电话：（010）88254396；（010）88258888

传　　真：（010）88254397

E-mail：　dbqq@phei.com.cn

通信地址：北京市海淀区万寿路 173 信箱
　　　　　电子工业出版社总编办公室

邮　　编：100036

赛迪智库
面 向 政 府　服 务 决 策

思想，还是思想
才使我们与众不同

《赛迪专报》	《安全产业研究》	《产业政策研究》
《赛迪前瞻》	《工业经济研究》	《军民结合研究》
《赛迪智库·案例》	《财经研究》	《工业和信息化研究》
《赛迪智库·数据》	《信息化与软件产业研究》	《科技与标准研究》
《赛迪智库·软科学》	《电子信息研究》	《无线电管理研究》
《赛迪译丛》	《网络安全研究》	《节能与环保研究》
《工业新词话》	《材料工业研究》	《世界工业研究》
《政策法规研究》	《消费品工业"三品"战略专刊》	《中小企业研究》
		《集成电路研究》

通信地址：北京市海淀区万寿路27号院8号楼12层
邮政编码：100846
联 系 人：王　乐
联系电话：010—68200552　13701083941
传　　真：010—68209616
网　　址：www.ccidwise.com
电子邮件：wangle@ccidgroup.com

赛迪智库

面向政府　服务决策

研究，还是研究
才使我们见微知著

规划研究所	知识产权研究所	安全产业研究所
工业经济研究所	世界工业研究所	网络安全研究所
电子信息研究所	无线电管理研究所	中小企业研究所
集成电路研究所	信息化与软件产业研究所	节能与环保研究所
产业政策研究所	军民融合研究所	材料工业研究所
科技与标准研究所	政策法规研究所	消费品工业研究所

通信地址：北京市海淀区万寿路27号院8号楼12层
邮政编码：100846
联系人：王　乐
联系电话：010-68200552　13701083941
传　　真：010-68209616
网　　址：www.ccidwise.com
电子邮件：wangle@ccidgroup.com